Andrea Kurschus

Meine Katze versteht mich

Wie uns die Spiegelneuronen verbinden

Ulmer

90 Farbfotos
8 Zeichnungen

Inhalt

Menschenkatzen und Katzenmenschen

„Schönheit! Gelassensein! Vornehme Zurückhaltung und philosophische Achtsamkeit! Selbstgenügsame und unbezähmbare Meisterschaft!

Wo sonst können wir Menschen diese Gaben mit auch nur annähernder Perfektion und Vollkommenheit verkörpert finden, wenn nicht in der einzigartigen, elegant dahingleitenden Katze, die mit der zielstrebigen Gewissheit eines Planeten inmitten des Universums ihre geheimnisvollen Bahnen zieht?

Sie ist ein uralter Spiegel der Seele – sanft, feierlich, wissend, kryptisch, die Gefährtin des Triumphs und der Kunst, die Gestalt unsterblicher Anmut, die Schwester der Poesie und des endlosen Verstehens, die ewig göttliche Katze auch in Staub und Unbill und auch in Glanz und Verehrung auf ihrem wieder und wieder erträumten und wieder und wieder unbestreitbar errungenen Thron aus Seide und Gold."

aus dem Englischen, H. P. Lovecraft," Something About Cats", 1949

Für meine unbezähmbare Mentorin, Frau Dr. Jutta Grimm.

Als Katzenliebhaber haben wir uns oft darüber geärgert, wenn man uns vorgeworfen hat, unsere Schnurrer zu vermenschlichen. Von weit oben herab, scheinbar sehr vernünftig und mit wissendem Lächeln wird gern erklärt, es handle sich doch „nur" um Tiere, deren Streben, Wollen, Tun und Fühlen auf keinen Fall nach menschlichen Maßstäben versteh- oder erklärbar seien. Und dass unsere Katze umgekehrt irgendetwas von unserem menschlichen Treiben und Fühlen verstünde, sei reinstes Wunschdenken.

Samson

Plötzlich ist er wieder da! In der Morgensonne sitzt zitternd unser junger Sibirischer Waldkater Samson und maunzt kläglich. Ich traue meinen Augen kaum und mein Herz macht einen Sprung. Ich renne auf ihn zu und nehme ihn in die Arme.

Fast zwei Wochen lang war er verschwunden – Nachbarn meinten gesehen zu haben, wie ihn Fremde an der Straße abgegriffen und im Auto mitgenommen hätten. Tagelang haben wir die Felder und Wälder abgesucht, laut rufend und lockend: vergeblich. Trotz alledem habe ich die ganze Zeit über GESPÜRT, dass Samson noch am Leben war. Unsere innere Verbindung war nicht unterbrochen.

Jetzt halte ich das kleine Wesen ganz fest, sein Herzchen rast und er gurrt mich ununterbrochen begeistert an. Sein Fell ist schmutzig und voller Kletten, er hat ein paar kleinere Verletzungen, seine Augen sind verklebt und er ist schrecklich abgemagert. Aber sein Glück kennt keine Grenzen! Er leckt pausenlos meine Hände, drückt sein Köpfchen ganz fest gegen meinen Hals und gurrt und gurrt.

Katzen verblüffen uns immer wieder

Bestimmt kennen Sie solche Glücksmomente mit Ihrer Katze auch. Ihre Katze spürt untrüglich, wenn Sie traurig oder krank sind und unternimmt umgehend alles, um Sie zu trösten und Ihnen beizustehen. Ihre Katze spricht zu Ihnen und holt Sie notfalls zu Hilfe, wenn sie mit einer vertrackten Situation nicht selber fertig wird? Ihre Katze freut sich mit, wenn Sie sich freuen? Das ist auch kein Wunder: Ihre Katze versteht Sie – und Sie verstehen Ihre Katze!

Unsere Sicht auf die Tiere

Während der Kolonialzeit wurden die versklavten Eingeborenen wie selbstverständlich als nichtmenschlich angesehen und von „zivilisierten" europäischen und amerikanischen Tierparks sowie von Kuriositätenkabinetts in Schaukäfigen ausgestellt – inzwischen ist ein farbiger Präsident der Vereinigten Staaten möglich. Genauso sah man bis vor wenigen Jahren selbst höhere Säugetiere als lediglich triebgesteuert und emotional unentwickelt an. Als mehr oder weniger vom Fressen angetriebene Biomaschinen, die höchstens dem Schmerz ausweichen oder auf Belohnung aus sind. Bewusste Interaktionen oder gar Mitgefühl mit anderen Lebewesen schob man ab ins Reich der Fantasie.
Bis vor kurzem fragte die Verhaltensforschung in erster Linie nach dem Wie von tierischem Verhalten und sammelte ihre Erkenntnisse hauptsächlich in von Menschen erstellten Laborversuchen. Doch tierisches Laborverhalten hat mit der unverfälschten, freien Lebenswirklichkeit eines Wesens nicht das Geringste zu tun! Es wäre dasselbe, menschliches Verhalten ausschließlich anhand der Beobachtung von Gefangenen zu erklären. Fairerweise muss man aber auch erwähnen, dass die Spiegelneuronen im Forschungslabor entdeckt worden sind. Als einer der Wissenschaftler von den Lieblingsnüssen des Versuchsaffen aß, weil er gerade Hunger hatte, zeigte der Affe auf seiner Hirnaktivitätsanzeige die gleichen Reaktionen wie im Versuch, in dem er die Nüsse selber gegessen hatte. Er konnte sich in den Forscher hineinversetzen und das gleiche Wohlempfinden erleben. Er zeigte Einfühlungsvermögen in ein artfremdes Wesen.

Eine ganz unerwartete Entdeckung

Im Jahr 1992 wurde von der Hirnforschung etwas fast Revolutionäres entdeckt: spezielle Nervenzellen im Gehirn von Mensch und Tier, die als Schlüssel für Empathie, Nachahmen, Verstehen und Lernen zu sehen sind – die Spiegelneuronen. In der Biologie versteht man unter Empathie das Mitfühlen und sich Hineinversetzen können in die

Gefühlswelt eines anderen Menschen. In der Psychologie spricht man auch von empathischer Resonanz, das Mitschwingen, umgangssprachlich etwa „auf gleicher Wellenlänge sein".
Die Wissenschaften sind meist zuerst einmal damit beschäftigt, solche Erkenntnisse auf menschliche Verhaltensweisen und Handlungsmuster zu übertragen, obwohl die Spiegelneuronen und ihre Bedeutung bei Tieren zuerst nachgewiesen wurden. Allerdings gibt es auch eine wachsende Anzahl von Forschern, die über den Tellerrand schauen und sich im Tierreich umgucken.

Über die Sprache hinaus

Menschen verfügen über äußerst komplexe kognitive Fähigkeiten. Wir versuchen, den Lauf der Sterne zu interpretieren, können mathematische Berechnungen anstellen, Dichten, Philosophieren und zum Mond fliegen, wir können Börsenkurse prognostizieren und haben Schachspiel und Internet erschaffen. Mit der Sprache können wir uns gegenseitig mündlich und schriftlich Inhalte mitteilen. Wir tauschen uns aus mit Wörtern und beschreiben damit Dinge, die wir getan haben, tun wollen und könnten oder die mit uns getan werden. Wir benennen Aktives und Passives, das unser Handeln, Planen und Fühlen anbelangt.

Doch der existenzielle und immer schon überlebenswichtige Austausch kann auch intuitiv und empathisch erfolgen – und dabei genauso erfolgreich sein. Empathie, auch als Mitgefühl bezeichnet, gilt als die innere Fähigkeit, die Perspektive vom Beobachter zum Beobachteten spontan zu wechseln. Die Bestätigung einer organischen Grundlage

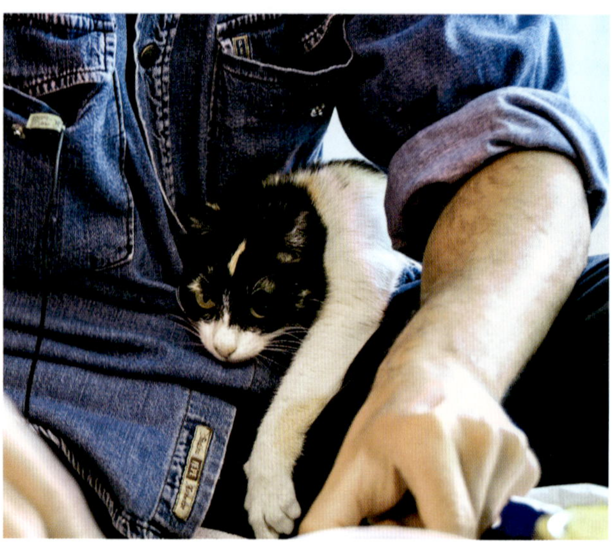

Haben also Katzen eine Seele? Gewiss. Was wissen wir von ihr? Sehr wenig. Können wir sie erforschen? Vielleicht. Lohnt es sich? Ihre Kenntnis ist grundlegend für die Möglichkeit menschlicher Selbstkenntnis."
Paul Leyhausen, Katzenseele, 2005

Einfach ausgedrückt

Die intuitive Resonanz auf Handlungen und Gefühlsregungen eines oder mehrerer Gegenüber bildet die wesentliche Grundlage für gegenseitiges Verstehen und Mitgefühl. Dies gilt, ob mit oder ohne „Sprache“, innerhalb der eigenen Art als auch in genetisch begrenzten Schnittmengen artübergreifend.

dafür in den Spiegelneuronen des Gehirns ist neu und kam ziemlich unerwartet. Tiere und auch wir als ein Teil der Tierwelt verfügen sogar noch über eine Vielzahl von Sinneswahrnehmungen, die unser Gehirn überhaupt nicht mehr bis auf unsere Bewusstseinsebene kommen lässt. Vom Beginn unserer Entwicklung her haben wir immer noch einen Rest Reptiliengehirn, ein bisschen Wolfsrudelgehirn, wir sind weiterhin Flucht- und auch Raubtiere.

Immer mehr Erkenntnisse

Aber es kommen nicht mehr alle entsprechenden Sinneseindrücke bei uns an, weil der Filter der menschlichen Vernunft und des Denkens vieles davon aussondert. Bei autistischen Menschen, die eine extrem starke Detailwahrnehmung haben, ist dies teilweise anders, sie denken quasi in Bildern. Aber auch Kinder generell und Synästhetiker, und das sind viel mehr Menschen als man bisher meinte, denken in Bildern, Gerüchen und anderen sinnlichen Eindrücken. Auch die universelle und artübergreifende Sphäre der Musik bildet eine solche Ausnahme, denn sie ist eine intuitiv verständliche und höchst komplexe Sinnessprache für Menschen, aber auch für Wale, Vögel, Insekten ...

Seit der Entdeckung der Spiegelneuronen wird immer mehr nach dem Warum von tierischem Verhalten gefragt und verstärkt und konsequenterweise im normalen Lebensumfeld der jeweiligen Geschöpfe beobachtet: in der Wildnis oder im Tierhaushalt. So verbinden sich die Erkenntnisse scheinbar überraschend mit vielem, was normale Haustierbesitzer längst festgestellt haben – und wofür wir bislang belächelt wurden – man versteht sich eben!

Das neue Wissen, mit dem wir das Wollen und Wirken unserer Schnurrer besser verstehen, möchten wir mit Ihnen teilen. Ein Leben ohne diese einfühlsamen, charmanten und verblüffenden Wesen können wir uns nicht mehr vorstellen!

Aus einem langen Zusammenleben entstanden

Mit unseren Haustieren bilden wir seit tausenden von Jahren und entsprechend vielen Generationen sowie der dadurch gewachsenen gegenseitige Kenntnis und Vertrautheit Freundschaften. Zumindest in Teilbereichen haben wir gelernt, uns untereinander zu spiegeln – vor allem, was unsere Gefühle und Empfindungen angeht. Das hat das Zusammenleben leichter und erfreulicher gemacht und wurde so als genetische Disposition in der Vererbung zum Überlebensvorteil.

Wir finden, dass die Katze sich für die Betrachtung der gegenseitigen Spiegelung und der Gefühlssimulationen am besten von allen Haustieren eignet, weil sie sich praktisch selbst domestiziert hat. Sie hat mit uns von Anfang an eine wechselseitige Beziehung aufgebaut und nicht wie der Hund eine Symbiose entwickelt. Offenkundig ist sie wesensechter und weniger bestechlich. Damit sind ihr Verhalten und dessen Beobachtung auch weniger verfälscht und in der Deutung zuverlässiger. Wo der Hund uns in erster Linie unbedingt gefallen will, macht die Katze grundsätzlich, was sie selbst am passendsten findet. Die Hundehalter unter Ihnen sollten jetzt nicht vergrämt sein! Wir selber haben viel Freude mit unseren superintelligenten Border Collies, die bei uns ganz klar und gleichwertig zur großen, gemischten Familienbande gehören.

Andrea Kurschus
Puntagorda, La Palma, Kanarische Inseln

Was sind Spiegelneuronen und was tun sie?

„Besonders interessant ist, dass bestimmte Spiegelphänomene speziesübergreifend auftreten können. Spezies, die untereinander spiegeln können, bilden gleichsam befreundete Artenfamilien.“

Joachim Bauer, „Warum ich fühle, was du fühlst“, 2006

„Gar nicht zum Gähnen langweilig, lesen Sie weiter ...“

Jetzt wird es erst einmal ein wenig wissenschaftlich. Es gibt im Gehirn bestimmte Bereiche aus Nervenzellen, Spiegelneuronen genannt, die beim passiven Erleben und Betrachten einer Handlung oder eines lebendigen Vorganges das gleiche Reaktionsmuster aufweisen, das beim aktiven Durchführen dieser Handlung auch entstehen würde. Das heißt, die beobachtete Handlung oder der Vorgang werden gewissermaßen im Gehirn des Gegenübers unbewusst Eins zu Eins simuliert und damit gespiegelt.

Diese innere Resonanz entsteht als Gleichklang, völlig automatisch und ohne Überlegen. Sie wird durch bloßes Zusehen und andere für die Handlung typische Begleitsignale wie Geräusche oder Gerüche zeitgleich ausgelöst. Dadurch entsteht nicht nur ein gespiegelter Abgleich und simultanes Mitfühlen der entsprechenden Empfindungen, sondern oft auch eine spontane Imitation der beobachteten Handlung.

Kommt Ihnen das bekannt vor?

Zusammen mit anderen Zoobesuchern stehen Sie vor dem Eisbärgehege und beobachten das mächtige weiße Tier. Der Eisbär wirkt müde und gelangweilt. Er rekelt sich in der Sonne und schaut Ihnen direkt in die Augen. Sie beobachten sich gegenseitig eine ganze Weile – aufmerksam. Plötzlich gähnt der Bär Sie an. Und was passiert? Wie unter Zwang gähnen Sie auch. Dabei sind Sie überhaupt nicht müde oder gelangweilt.

Andere Situation: Sie füttern ein kleines Kind mit dem Löffel und öffnen dabei ganz automatisch und ohne nachzudenken den Mund wie bei einer Pantomime. Das Kleine betrachtet aufmerksam Ihr Gesicht, macht schließlich den eigenen Mund auf und nimmt den Löffel Essen an.

Oder: Ihre Katze kugelt sich spielerisch vor Ihnen auf dem Teppich, Sie streicheln ihren Bauch und kitzeln sie an den Ohren – eine total entspannte Situation voller Harmonie und Frieden. Plötzlich erschrickt die Katze, macht sich ganz starr und fixiert mit aufgerissenen Augen eine Stelle hinter Ihnen an der Tür. In unwillkürlichem Reflex wenden Sie sich um und folgen dem Katzenblick nach hinten.

Lachen steckt an

Sie sitzen in der mit grimmig dreinschauenden Feierabendpendlern vollen U-Bahn, suchen den Blickkontakt mit ihrem Gegenüber und lächeln munter drauf los. Der Grimmige lächelt augenblicklich spontan und ein wenig zögerlich zurück – obwohl er eigentlich gar keinen echten Grund dazu hat.

Spontane Gefühlsansteckung

Was passiert in all den beschriebenen Momenten? Es sind intuitive Gefühlsansteckungen, unbewusste Reflexe – Spiegelungen – wie sie seit dem Bekanntwerden der Funktion der Spiegelneuronensysteme genannt werden. Es ist die spontane Resonanz von Gefühls- und Handlungssignalen, direkt von Hirn zu Hirn. Von diesen Spiegelneuronensystemen wissen wir heute, dass sie bei sämtlichen Lebewesen und in großer Intensität bei allen höheren Säugetieren vorkommen.

Spiegeln kommt vor Sprache und Denken

Stellen Sie sich das Gehirn einfach als eine weitreichende Simulations- und Reflektionsebene für die Welt, andere Lebewesen, ihre und unsere Handlungen, Reaktionen und Empfindungen vor. Diese Fähigkeit zur Simulation ist bei allen lebenden Wesen qualitativ gleich. Nur quantitativ ist sie verschieden stark entwickelt. Die Spiegelungsmöglichkeiten beruhen lediglich auf mehr oder weniger komplexen Systemen, mit denen innerhalb einer Art umfassend und weitgehend miteinander fehlerfrei kommuniziert werden kann. Es kann damit aber – und das ist das Spannende – zwar eingeschränkt und aufs Wesentliche begrenzt, auch artübergreifend, also unter einander fremder Arten kommuniziert werden.

Augenkontakte: Katz und Hund sehen zur Ente: „Los, komm aus dem Eimer raus – wir drei spielen Quietschente!“

Die Katze geht näher ran, die Ente, wenig beeindruckt, duckt sich etwas, und der Hund guckt ihr zu. „Mein Hundekumpel tut dir nix – versprochen!“

Dann ist das Ganze für die Katze schon erledigt, die Ente behält alles im Blick und der Hund schaut wieder auf die Katze. „Ok, heute keine Ente süß-sauer – viel zu langweilig …“

Die Simulationsbereiche bei Echsen oder Vögeln sind recht einfach, bei uns und unseren Haustieren dagegen sehr umfassend. Das bedeutet, dass wir allesamt zwar auch noch immer mit unserem uralten Echsensystem hantieren: Fauchen, Spucken, Zischen, Aufblähen, dieses aber um später erworbene und über lange Entwicklungszeiten eingeübte Erweiterungen ergänzen: Gestik, Mimik, sprachliche Ausdrucksformen.

So verfügt die sich laufend weiterentwickelnde Reflektionsfläche Gehirn schließlich über ein sehr komplexes System der Spiegelneuronen. Sie lassen uns gegenseitig fühlen, was das Gegenüber fühlt, und das intuitiv und völlig unabhängig von kognitivem oder analytischem Denken.

Beim Menschen kommt obendrauf die Sprache, mit der er sich innerhalb seiner eigenen Art noch viel unmissverständlicher – manchmal aber auch missverständlicher! – mitteilen kann. Trotzdem besitzen wir wie alle anderen Lebewesen als universelle sprachliche Vorstufe das Spiegelneuronensystem, das ein gegenseitiges Verstehen überhaupt erst möglich macht.

Domestizierte Tiere sind uns näher

Je komplexer entwickelt unser Gegenüber ist und desto länger wir als Menschen mit ihm als befreundete Art zusammengelebt haben, desto genauer und umfassender sind die möglichen Perspektivwechsel, um einander zu verstehen. Am leichtesten reflektieren wir also die Gefühlsregungen der von uns domestizierten Wesen. Denn umgekehrt hatten sie über lange Generationen hinweg genügend Zeit, sich an uns anzupassen. Sie konnten unsere Menschengefühle erkennen und unseren sprachlichen, mimischen und gestischen Ausdruck deuten lernen. Am wenigsten verfälscht zu beobachten ist dies bei Hauskatzen, denn sie sind eine außergewöhnliche Bindung zum Menschen eingegangen, die bis heute auf völliger Freiwilligkeit beruht.

Die pure Lebenslust Ihrer kleinen Kätzchen, wenn sie von einem neuen Spielzeug nicht genug bekommen können, sich balgen, umher springen und ihren Spaß haben, wird Sie anstecken und Ihnen ein unwillkürliches Lächeln auf die Lippen zaubern – selbst wenn eigentlich Sorgen oder Traurigkeit Sie bedrücken. Umgekehrt wird Ihre eigentlich ganz entspannte und gemütliche Katze sofort den Rückzug antreten,

Im Spiel lernen Kätzchen alles für ihr späteres Leben. Dabei darf es auch wild zugehen. So werden eigene Grenzen und die Reaktionen der anderen erlebt.

Gefühle, die anstecken

Vor allem Gefühlssignale sind in der direkten Resonanz am meisten untereinander und gegenseitig „ansteckend“: Freude, Angst, Ärger, Überraschung, Traurigkeit und Erschrecken plus deren feinere und differenzierte Varianten wie Spaß, Furcht, Wut, Ekel oder Abscheu.

wenn sie den Ärger spürt, den Sie aus dem Büro mit nach Hause bringen. Sind Sie aber traurig und bedrückt, wird Ihre Katze zu Ihnen kommen und Sie tröstend beschnurren.

Ein neuer Blick auf das Lernen

Auch Lernen wäre ohne Spiegelneuronensysteme überhaupt nicht möglich! Und so erzeugt die andauernde Resonanz mit Lebewesen in der Umgebung nicht nur das überlebenswichtige Vertrauen in das jeweilige soziale Lebensumfeld. Es lässt ein Individuum auch hineinwachsen in die Handlungs- und Bewegungsabläufe, die zu einem sozialen Zusammenleben gehören. Als Ergebnis dieser Lernprozesse werden von den Spiegelneuronensystemen schließlich auch die einzelnen Teile einer Handlungssequenz intuitiv zu einer wahrscheinlich zu erwartenden Gesamtsequenz ergänzt und simuliert.

Eingeübte Erwartungshaltungen und Intuition

Wie alle domestizierten Tiere lieben Katzen Rituale und gewohnheitsmäßige Abläufe im aktiven und passiven Zusammenspiel mit uns Menschen. Ihre Katze hat zum Beispiel längst gelernt und verinnerlicht, dass die Dose mit den Leckerlis oben im linken Küchenschrankfach steht, dessen Tür so komisch knarrt. Öffnen Sie die entsprechende Schranktür, kommt Ihr Schnurrer beim leisesten Knarren auch schon angewetzt, setzt sich direkt vor Sie hin und macht ein erwartungsvolles Gesichtchen – das ist erlernte lokale Tradition zwischen Ihnen beiden, man möchte es fast als Teil einer gemeinsamen Lebenskultur bezeichnen.

Lange betrachtete man diese Lernprozesse als bloße Konditionierung, ein statisch ablaufendes und vom Menschen vorprogrammierbares Reiz-Reaktions-Muster. Iwan Petrowitsch Pawlow hatte diese behavioristische Lerntheorie vor 150 Jahren basierend auf der Annahme aufgestellt, dass die Wissenschaft niemals in der Lage sein würde, innere Gefühle und zugrunde liegenden Antrieb untersuchen zu können. Dem

Das Geräusch beim Aufmachen der Tür hat bei der Katze als Anfangssequenz eine Resonanz für die Gesamthandlung ausgelöst. Sie weiß, was sie dann erwartet.

Intuition?

Die unbewusste Vermutung, wie eine Handlung wahrscheinlich weitergehen wird, bezeichnen wir als Intuition. Sie ist niemals zufällig, sondern resultiert aus einer impliziten Gewissheit, die durch Lernerfahrungen im vorbewussten Bereich gespeichert wurde.

lernenden Wesen wurden keinerlei eigene Kontrolle und kein eigenes Streben unterstellt.

Heute weiß man, dass es sich ganz anders und viel komplexer verhält. Alle Wesen sind beim Lernen eben nicht passiv und willenlos, sondern aktiv und strebend engagiert! Die Intuition kann natürlich auch täuschen, wenn etwa die Fortsetzung der erwarteten Handlung oder Verhaltensweise überraschenderweise ausbleibt. Im Fall der nicht ausgeteilten Leckerlis führt das lediglich zur „Ent"täuschung.

Intuition ist lebenswichtig

In vielen Fällen gibt die Intuition jedoch ein überlebenswichtiges Signal für alle Lebewesen, beispielsweise in gefährlichen oder bedrohlichen Situationen: dann lieber einmal zu oft in Sicherheit gebracht, wenn alle Alarmsignale geklingelt haben, als ums Leben zu kommen. Genauso wie Sie ein Kind, das vor sich hin träumend auf die Fahrbahn vor einen herannahenden Bus hopst, im Reflex greifen und zurückreißen, statt es mit Worten vor der Gefahr zu warnen, wird auch der Schimpansenchef ein Affenbaby bergen, das seiner Mutter aus den Armen in einen Fluss gefallen ist. Und das intuitiv, bevor er Warnrufe ausstößt, und obwohl er selber nicht gut schwimmen kann.

Durch seine umfassenden Spiegelneuronensysteme steht dem Gehirn eine Art Simulator zur Verfügung, der zumindest auf der Gefühlsebene allen Säugetieren gleichermaßen zueigen ist, auch wenn die Bandbreite der spiegelbaren Empfindungen von Art zu Art variiert. Diese innere

Ganz spontan

Hinsichtlich eines Geschehens drängt die Intuition dahin, sofort Maßnahmen zu ergreifen: spontan und ohne vorher zu Grübeln oder zu Lamentieren. Die Empathie zwingt dazu, ein in Lebensgefahr schwebendes Wesen zu retten.

Früh übt sich! Das klappt doch schon richtig gut mit der Kleinen ...

Einfach ausgedrückt

Das Prinzip des Lebens ist die Erhaltung von DNA und die beständige Weiterentwicklung des jeweiligen Genpools. Für das erfolgreiche Bestehen ist es deshalb wesentlich sinnvoller, intuitiv zu wissen, was das jeweils wohlgesinnte oder feindliche Gegenüber fühlt und will, als einfach nur stärker, größer, schneller, rücksichtsloser und brutaler zu sein oder lauter schreien und brüllen zu können.

Simulationsfläche ist wie ein Schlüssel für den generellen und gemeinsamen Bedeutungsraum von Leben, Handeln, Verstehen und Empfinden.

Beim Erwachsenwerden wird all dies durch unendlich viele Lern- und Spiegelungsprozesse im Gehirn gespeichert und ist von da an immer „online" verfügbar. In der jeweiligen Situation sind diese Erfahrungen daher als vollkommen intuitive Reaktionen abrufbar – unterhalb der bewussten Wahrnehmungsschwelle und innerhalb von Millisekunden – wesentlich schneller und effektiver als Nachdenken und Analysieren und auch Sprechen oder andere stimmhafte Lautäußerungen.

Bei einem Wesen wie der Katze, die sich uns freiwillig angeschlossen hat, sind gegenseitige Anpassung und wechselseitiges Erlernen von Signalen und Emotionszuständen gewachsen. Das ermöglicht eine stimmige intuitive Resonanz.

Spiegeln ist ein Evolutionsvorteil

Daher kommt man heute zu der Vermutung, dass die Spiegelungsmechanismen und Resonanzphänomene wichtigere Faktoren in der Evolution sind, als das bisher favorisierte darwinistische Prinzip des Überlebens des Stärkeren.

Sämtliche Lebewesen – von Pflanzen, die sich gegenseitig mit Botenstoffen verständigen und vor Schädlingen warnen können, über Fisch- und Vogelschwärme, deren intuitiv abgestimmte Reaktionsschnelligkeit ohne Spiegelneuronen nicht funktionieren würde, bis zu den hoch strukturierten Säugetieren, deren Bandbreite an Resonanzphänomenen ein komplexes Sozialverhalten und ein vielfältiges Handlungsspektrum ermöglichen – verfügen über Simulationssysteme, die ihr evolutionäres Überleben gesichert haben und immer noch sichern.

Trefferquote beim Spiegeln

Die Spiegelneuronensysteme können zwischen den Arten natürlich auch scheitern. Wenn ein Schimpanse uns mit hochgezogenen Mundwinkeln und sichtbaren Vorderzähnen scheinbar „anlächelt“, ist dies kein Zeichen seiner Freundlichkeit, sondern von ihm aus ein ganz eindeutiges Distanzsignal – eine Art Zähnefletschen. Seine Mitschimpansen deuten dies intuitiv richtig, da ihre Spiegelneuronensysteme geprägt durch zigtausende von Generationen seine Mimik in die dazu passende Signalbedeutung ihrer speziellen Lebens- und Handlungsumgebung übersetzen.

Wir müssen dieselbe Mimik unter unseresgleichen völlig anders begreifen, weil wir uns nicht mehr Distanz heischend anfletschen. Der Ursprung unseres Lächelns ist zwar noch der gleiche, doch seine Bedeutung wurde inzwischen zu einer Beschwichtigungsgeste umgewandelt. Noch immer gibt es jedoch auch andere Varianten wie ein kaltes, ein falsches, ein gemeines oder ein überhebliches Lächeln. Wir werden den Schimpansen daher im ersten Moment komplett missverstehen und einfach zurücklächeln. Andererseits werden wir die schimpansischen Wut- oder Angstgebärden und -laute spontan intuitiv richtig verstehen, weil sie uns Menschen genauso zu eigen sind und für uns noch dieselbe Bedeutung haben wie in grauer Vorzeit.

Je näher wir Menschen den spiegelnden Wesen stehen, desto höher wird die gegenseitige Trefferquote dabei, die Gefühle des anderen wirklich zu verstehen. Einerseits ist dies durch die Evolution, die gemeinsame Entwicklungsgeschichte, bedingt: unseren direkten Verwandten, den Primaten, werden wir sicherlich eher empathisch gerecht als etwa Krokodilen oder Fledermäusen. Andererseits gilt dies ebenso für alle

Wesen, die Menschen domestiziert haben und mit denen wir seit Urzeiten eng zusammenleben und arbeiten.

Neues durch Forschung im natürlichen Lebensraum

Zukünftig wird man durch die inzwischen verbreitete Feldforschung an Tieren in ihrer natürlichen Gesellschaftsform und Lebensumgebung genauer beobachten und verstehen können, wie sie sich untereinander, gegenüber diversen Lebenssituationen und anderen Wesen verhalten. Die Untersuchungen im Labor haben eine wahre Verhaltensforschung bislang durch ihre unnatürlichen Versuchsanordnungen und die vom Menschen vorgegebenen Methoden, Ziele und Fragestellungen verhindert. Der moderne Feldforscher wird bei intensiver Beobachtung und genauso intensivem Zusammensein Zugang zu den Reflektionssystemen der Tiere bekommen und umgekehrt. Das beweisen neuere Berichte von Großkatzenforschern genauso wie die von Menschen, die lange mit Gorillas, Wildkatzen, Bären, Delphinen, Wölfen oder anderen Wildtieren in ihren natürlichen Umgebungen und sozialen Rudel- und Gruppenbedingungen gelebt haben.

Andere Welten der Sinneswahrnehmungen

Es zeigt sich beim Vergleich der Arten, dass wir Menschen uns im Grunde oft selber behindern, was unser Verständnis von anderen Wesen betrifft. Wir besitzen zwar unsere komplexe Sprache als Kommunikationsmittel und Alleinstellungsmerkmal, uns fehlen aber andere und feinere Sinneswahrnehmungen und -organe, über die beispielsweise Wale, Delphine, Insekten, Groß- und Kleinkatzen, Ratten, Elefanten, Zugvögel und viele andere Tierarten verfügen. In den Spezialgebieten dieser Tiere sind wir Menschen stumpf, blind, taub und unbegabt, wir verfügen nicht über die entsprechenden Sensoren und Rezeptoren. Daher können wir uns die Komplexität der spiegelneuronalen Verständigungsmöglichkeiten dieser überaus hochbegabten Mitwesen nicht einmal ansatzweise vorstellen.

Wir postulieren uns gern als etwas Höherstehendes – letztlich wegen unserer Sprachfähigkeit, welche die anderen Wesen nicht mit uns teilen. Das haben wir zumindest bisher geglaubt. Aber könnten umgekehrt die hoch spezialisierten Insekten in ihrer schier unüberschaubaren Anzahl an Arten nicht auch von sich behaupten, uns überlegen zu sein? Oder die Heere von Zugvögeln mit ihrem spektakulären Sinn für den Erdmagnetismus? Oder die Katzen mit ihrer schlafwandlerischen Beherrschung von Hydrodynamik und Gravitation?

Gerne wird Tierhaltern vorgeworfen, ihre Tiere zu vermenschlichen. Die Entdeckung der Empathiefähigkeit zeigt, dass dies falsch ist. Die Spiegelneuronensysteme im Gehirn sind überall und bei allen Lebewesen vorhanden, unterschiedlich stark oder schwach ausgeprägt und komplex. Und sie ermöglichen das Mitempfinden dessen, was andere gerade fühlen, erleben und erstreben. Dazu bedarf es immer eines Gegenübers, mit dem sich spiegeln lässt. Und genau darin liegt der Schlüssel, dass Ihre Katze Sie versteht und Sie Ihre Katze.

Wie kommunizieren Katzen? Und warum?

„Es ist Zeit, die Tiere als begabte und kommunikative Wesen zu begreifen. Was erstreben sie? Was fühlen sie? Was denken sie? Was sagen sie?“

Aus dem Englischen: Temple Grandin, „Animals in Translation“, 2006

Alle Säugetiere, die von jedweder Kommunikation und direktem gefühlsmäßigen Austausch mit anderen Lebewesen isoliert sind, können weder psychisch noch physisch überleben. Dabei ist es weitgehend gleichgültig, ob es sich bei dem anderen Lebewesen um Artgenossen oder um fremde Geschöpfe handelt.

Schon im frühen Mittelalter unternahm man Menschenversuche mit Kleinkindern, die man völlig isoliert aufzog, um herauszufinden, welche Sprache sie womöglich von allein entwickeln würden. Sie wurden krank und starben. Wobei es aber immer wieder, bis in unsere Gegenwart, nachgewiesene Fälle von Menschen gibt, die als Kinder in der Wildnis verloren gingen und gesund und munter in ganz unterschiedlichen Tierrudeln aufwuchsen. Sie hatten ein Gegenüber, mit dem sie spiegeln konnten.

Spiegelneuronaler Austausch bedeutet geistige Gesundheit, egal unter welchen Arten. Das ist der Grund, warum Ihre Katze den Austausch mit Ihnen sucht. Besonders deutlich wird das bei der Einzelkatze, die vielleicht tagsüber alleine gelassen in der Wohnung stundenlang darauf wartet, dass ihr Mensch endlich nach Hause kommt. Dann muss alles an sozialer Gemeinsamkeit und Kommunikation nachgeholt werden, was in den langen Stunden als schmerzliche Isolation empfunden worden ist.

Verständigung macht Freude

Der zweite Grund, warum ihre Katze mit Ihnen kommunizieren will, ist ganz einfach, dass es ihr Spaß macht. Seit vielen Jahren schon leben wir mit größeren Katzengruppen von vier bis bisher maximal neun Tieren zusammen. Zwar ist die Hauskatze ganz sicher kein Rudeltier, aber sie lebt – wenn das Terrain es flächenmäßig ermöglicht – recht gerne gesellig in losen Verbänden und Kolonien, wo sich einige Tiere näher

Jedi

Unser Jedi, ein wunderhübscher weißer Siamkater, hatte als Neuankömmling auf unserem Hof diese Zuwendungsdefizite. Keine der anderen acht Katzen wollte mit ihm am Anfang etwas zu tun haben. Er war fremd, er sah komisch aus, er roch nicht vertraut und machte sonderbare Kindergeräusche. Alle erwachsenen Katzen und Kater betrachteten ihn mit Gefühlen und ganz klarem Ausdruck von Abwehr, Ekel und Furcht.

Also hielt er sich in den ersten beiden Wochen hauptsächlich dort auf, wo er von uns hingesetzt worden war, nachdem er ankam: in der Küche auf dem Plüschsofa in seinem kleinen Pappkarton. Andere Katzen kamen herein, fraßen, putzten sich, gingen wieder hinaus, und sie ignorierten ihn soweit eben möglich.

Kam dann einer seiner neuen Menschen herein, stürzte sich Jedi klagend und jammernd vom Sofa und zu dem vermeintlichen einzigen Sozialpartner. Wir mussten mit ihm spielen und toben, er beschnurrte und bequakte uns, wir mussten ihn streicheln und verwöhnen und mit uns herumschleppen, bis er wieder fröhlich und zufrieden war.

Zum Glück legte sich das Drama, als er sich nach einiger Zeit ins Freie wagte, weil bei den anderen Katzen nun die Neugier siegte. Und nachdem er in der Gruppe eingewöhnt war, genoss er es unendlich, mit den großen Katzen den Hof zu erkunden, Jagen zu lernen und Freundschaften zu schmieden. Allerdings ist er auch bis heute ein großer Sprecher zu uns Menschen und er muss in seinem sehr speziellen Siamdialekt jede Menge Dinge berichten, die ihm draußen in der Welt widerfahren sind.

stehen als andere und manche auch enge, lebenslange Freundschaften eingehen. Durch die große Anzahl an miteinander kommunizierenden Gruppenkatzen hat sich jedoch das Verhältnis der einzelnen Katze zu uns nicht verändert: jede einzelne von ihnen will genauso viel Zuwendung und Austausch als wäre sie allein unter Menschen. Wahrscheinlich ist der gefühlsmäßige Druck dabei nicht so hoch wie bei einer Einzelkatze, aber das Grundbedürfnis nach sozialer Kommunikation mit uns Menschen bleibt bestehen und will gestillt werden.

Leo und Pongo

Die beiden stattlichen Katerbrüder und engsten Freunde, hielten den Winter über gerne die am höchsten gelegenen Plätze in unserer Küche besetzt: den hohen Kühlschrank und eine Anrichte, zwischen deren Oberteil und die Decke gerade eben zwei dicke Kater passten. Da war es immer wunderbar warm und von dort oben konnte man sämtliche Geschehnisse im Raum genauestens im Blick behalten.

Wegen ihrer Behäbigkeit und da Wärme schläfrig macht, befanden sich Leo und Pongo durchgehend in einer Art Winterschlaf, nur gelegentlich unterbrochen von Fressen und kurz ins Freie schlüpfen, um dringende Geschäfte zu erledigen. Von unten sah man nur zwei aneinander gekuschelte runde Fellkugeln in tiefer Zweisamkeit.

Dennoch – wenn sie der Gesprächsbedarf mit uns Menschen überkam, gab es kein Zurück. Wir wurden von oben angegurrt, krallenlose Tatzen tasteten vorsichtig nach den unten vorbei kommenden Köpfen, erwartungsvolle Gesichter schauten zu uns herab. So faul und durchgeheizt sie dort auf der Anrichte auch waren – auf jeden Fall zu faul, um herunterzukommen – Austausch musste sein! Und so standen wir dann mit nach oben gewandten Gesichtern und bedienten den Plauderbedarf der beiden dicken Brüder.

Wahrnehmung und Sprache

Die Katze kann nicht sprechen. Daher müssen wir Menschen eben die Bücher schreiben.

Nur der jüngste Teil des menschlichen Gehirns sorgt für unsere sprachliche Kommunikationsfähigkeit, die sich im Laufe der Evolution von der mimischen über die manuelle Gestik bis zum Lautvokabular entwickelt hat. Die älteren Hirnbereiche sind praktisch die genetischen Vorläufer aus der Frühzeit: unser Wolfshirn lässt uns hierarchische Gruppen bilden, unser Schwarmhirn lässt uns zusammenzucken, wenn unser Nachbar zusammenzuckt, unser Echsenhirn lässt uns atmen und schlafen und fauchen. In allen alten und jungen Hirnarealen sind vorsprachliche Spiegelneuronensysteme vertreten – vor allem aber finden sie sich in jenem Bereich, der uns schließlich das Sprechen ermöglicht hat.

Unser Sprachvermögen birgt auch gewisse Risiken und Nebenwirkungen, denn durch die dafür nötige immer größere Spezialisierung des Gehirns entstand notgedrungen ein Filterungssystem für Sinneseindrücke. Durch dieses wird nicht mehr die gesamte wahrgenommene Umgebungswirklichkeit registriert, sondern es lässt nur noch ein generalisiertes, vereinfachtes Schema der Wahrnehmung ins Bewusstsein vordringen.

Unser Hirn bevormundet unsere Gesamtwahrnehmung ähnlich einer Internetsuchmaschine, indem es Details und Feinheiten verallgemeinert und sehr grob schematisiert. Warum? Es könnte sonst die Sprachfähigkeit plus die eingehende Datenflut samt aller daran hängenden Handlungskonsequenzen und Möglichkeiten nicht bewältigen.

Die meisten Tiere werden hauptsächlich von ihrer Optik kontrolliert, haben aber generell mehr und differenziertere Sinneswahrnehmungen als wir Menschen. Ihre Wirklichkeit wird bestimmt von unermesslich vielen Details was Sehen, Hören, Riechen, Tasten, Schmecken und Gleichgewicht betrifft. Wir haben dieselben Inputs, aber sie werden von unserem hirneigenen Filtersystem nicht direkt und uninterpretiert ins Bewusstsein vorgelassen. Daraus ergeben sich unterschiedliche Umgebungswahrheiten, und dies erschwert das gegenseitige Verständnis.

Wenn wir unsere Katzen besser verstehen wollen, müssen wir uns darum bemü-

Die Katze nimmt feiner, detailgetreuer, direkter und stärker wahr. Um wieviel intensiver, das kann man allein daran ablesen, dass sie 16 bis 18 Stunden Schlaf pro Tag braucht, um sich von all den sinnlichen Wahrnehmungen zu erholen, die sie im Wachen aufnimmt, spiegelt und verarbeitet.

Kommunikation ist lebensnotwendig. Die Entwicklung eines kleinen Kätzchens kann nur gut gelingen, wenn es Verständigung durch Spiegeln erlernt: von der Mutterkatze, seinen Geschwistern, vom Menschen oder anderen Wesen seiner direkten Umwelt.

hen, zu sehen und zu fühlen wie eine Katze. Umgekehrt hat die Katze mit uns weniger Probleme, denn ihre Wahrnehmung ist weit aufmerksamer und detaillierter. Auch Sie werden schon bemerkt haben, dass Ihre Katze besser Menschensprache gelernt hat als Sie die Katzensprache! Das gilt unserer Erfahrung nach für alle domestizierten Tiere. Auch unsere Ziegen und Hunde waren immer schneller und besser im Verstehen der Menschen und ihrer Intentionen als wir mit ihnen.

Emotionale Kommunikation

Wenn wir ein anderes Wesen wahrnehmen, wird automatisch unsere Resonanz auf sein Verhalten aktiviert – wir spiegeln unbewusst seine Mimik, Gestik, seine Körper- und Lautsignale. Vieles davon ist uns und unseren Katzen bedeutungsgleich zueigen und lässt uns sofort spüren, in welchem gefühlsmäßigen Zustand die Katze sich befindet. Und umgekehrt spürt sie unsere seelische Verfassung genauso. Das nennen wir emotionale Kommunikation – sie ist ähnlich universell wie die Musik.

Sich Verstehen und Signale zu erkennen bedeutet, Vertrauen in das Lebensumfeld zu entwickeln und zu lernen. Wird sich um die erwachsene Katze nicht gekümmert, wird sie krank werden. Bei Tieren verhält es sich mit Mobbing genauso wie bei Menschen. Bevor sie vereinsamt, wird sich auch die Katze eher artübergreifend orientieren. Dies ist vielen Erfahrungsberichten zu entnehmen, wo sich Katzen mit dem hauseigenen Hund oder anderen Haustieren angefreundet haben, entweder weil ihre Menschen für sie zu wenig Zeit und Aufmerksamkeit aufbrachten oder sie erst ihre Furcht vor Menschen überwinden mussten.

Carlos

Unser allererster Kater Carlos schloss sich notgedrungen unserem damals schon alten, aber sehr katzenunfreundlichen Terrier Atze an. Carlos war von unserer Försterin im Wald gefunden worden und ein recht wildes Kätzchen mit großem Misstrauen gegenüber Menschen. So quartierten wir ihn zunächst bei unseren Ziegen im Stallgebäude ein. Dort war es belebt und warm, aber Carlos suchte natürlich anderes Potenzial für seine Spiegelneuronen, um seine Welt auf dem Hof entdecken und erkunden zu können. Nach wenigen Tagen fasste er allen Mut zusammen und schloss sich unserem Terrier an. Er klebte dem Hund praktisch an den Socken. Atze, der Katzen nie leiden mochte, hatte zum Glück dem kleinen Pelzbaby gegenüber eine Beißhemmung, auch wenn er sich auf Schritt und Tritt nach ihm umdrehte und ihm genervt die Zähne zeigte.

Doch mit der Zeit entwickelte sich zwischen den beiden eine echte Freundschaft. Man fing gemeinsam Mäuse, Carlos lernte von Atze, Löcher zu buddeln und Gras zu kauen, und ein paar Wochen später kam er zusammen mit dem Hund ins Haus und kuschelte mit ihm in dessen Hundekörbchen. Carlos hatte von Atze gelernt, uns Menschen zu vertrauen – er spiegelte dessen Zutrauen und wurde ein verschmuster, extrem anhänglicher Kater!

Kätzische Ausdrucksformen

„Zwar gibt es viele Wissenschaftler, die meinen, Begriffsbildung und Denken seien ohne Sprache nicht möglich, doch die jahrzehntelangen Untersuchungen über das vorsprachliche Denken beweisen das Gegenteil. Tiere haben sich und uns recht viel mitzuteilen, und das gelingt ihnen bewundernswerter Weise auch ohne Begriffssprache ganz vortrefflich."

Paul Leyhausen, "Katzenseele", 2005

Verschiedene Aspekte von Verhalten wie Mimik, Blick, Gestik, Körpersignale und Laute aktivieren im Gegenüber ein Spektrum von Spiegelreaktionen, das dazu dient, den jeweils anderen zu verstehen und seine Empfindungen mitzufühlen. Das gilt auch artübergreifend, soweit beide Spiegelnden über entsprechend ähnlich geartete Sinneswahrnehmungen und Verhaltensbedeutungen verfügen.

Die Katze beherrscht ein reichhaltiges Repertoire an Verständigungsweisen, die meistens kombiniert zum Ausdruck kommen. Diese sind nicht angeboren, sondern nur die Dispositionen dazu. Erworben werden sie von klein auf beim Heranwachsen über die Resonanz, das Nachmachen und Wiederholen – so wie ein Menschenkind die Sprache erlernt. Spielen ist Lernen, beim Kätzchen wie beim Kind. Die Phase der Imitation von Handlungen und Verhalten beginnt beim Kätzchen, sobald es sehen kann und wenn es seinen Aktionsradius erweitert und vorsichtig beginnt, seine Umwelt zu erforschen.

„Und die Welt geht dort drüben *wirklich* immer weiter?"

Gremlin und Pepe

Je nach Vorgeschichte, vor allem Menschen gegenüber, kann dieses Set an Verhaltensmustern auch variieren. Wir haben das mit zwei alten Katzen erlebt, die wir mit dem Zukauf eines bereits länger leerstehenden Stalles übernahmen – sie waren praktisch unsichtbar und hielten einen großen Sicherheitsabstand zu uns. Ihre vorherigen Menschen hatten sich die Katzen vom Hals gehalten und sie zwar rudimentär mit Futter versorgt, aber nie gestreichelt oder sich irgendwie näher mit ihren Persönlichkeiten befasst.

Dennoch waren Gremlin und Pepe neugierig auf uns, als wir begannen, auf dem Gelände für Ordnung zu sorgen und zu arbeiten. Wir stellten Futterschalen für sie auf und schon nach kurzer Zeit ließen sie sich beim Fressen anfassen und ansprechen, ohne gleich wegzulaufen. Schließlich saßen sie morgens schon wartend auf dem Weg, der zum Stall führte. Sie sprachen uns an, fürchteten sich aber weiterhin vor schnellen Bewegungen.

Wir mussten uns viel Zeit für die beiden nehmen, bis sie verinnerlicht hatten, dass unsere Hände nichts Böses wollten und dass unsere Rufe freundlich gemeint waren. Pepe und Gremlin wurden zwar nie zu häuslichen Katzen, aber sie wurden uns gegenüber zahm. Nur wenn Fremde zu Besuch kamen, waren sie weiterhin wie vom Erdboden verschluckt. Die letzte Hürde zum generellen Vertrauen konnten sie durch schlechte Behandlung während der frühkindlichen Prägung niemals überwinden.

Lernen durch Abschauen und Nachmachen

Das Kätzchen lernt nun durch Beobachten, verschiedene Körperhaltungen, Kopf- und Schwanzbewegungen, Blickbewegungen und Lautäußerungen nachzuahmen und einem inneren Regelsystem anzupassen. Zur Einschätzung der jeweiligen Situation orientiert es sich am Verhalten der Mutterkatze und anderer erwachsener Katzen der Gruppe. Es sucht Blickkontakt und gleicht ihre Reaktionen ab, es spiegelt. Das modellhafte Verhalten wird abgespeichert und bildet mit vielen anderen

Gut zu wissen

Bietet eine gemeinsame Lebensumgebung im menschlichen Haus die Chance, voneinander durch Beobachtung zu lernen, setzt dieser Deutungsprozess von selbst ein und seine Ergebnisse werden nachhaltig abgespeichert.

„Wie Katz und Hund, na ja, wie die Menschen sich das so vorstellen. Wir sind uns jedenfalls einig: Höchste Zeit für die Siesta!“

Sequenzen ein Set, das nicht nur optimal an das jeweilige Lebensumfeld des Kätzchens angepasst ist, sondern intuitiv abrufbar jederzeit zur Verfügung steht.

Die Grundlage für das gesamte Set an Verhaltensweisen, die das Kätzchen lernt, ist eine vorsprachliche Verständigungweise, so wie sie auch für uns Menschen unentbehrlich ist. Es ist quasi ein „Esperanto“ des Ausdrucks, das artübergreifend für alle Lebewesen funktioniert: Fauchen = Gefahr. Auch wenn es natürlich arttypische Besonderheiten gibt, die zu Missverständnissen führen können.

Sie haben das bestimmt schon mit Hund und Katze erlebt, deren Schwanzwedeln völlig gegenteilige Bedeutung hat. Der kluge Hund lernt aber aus Erfahrung recht schnell, dass eine schwanzschlagende Katze keineswegs freundlich, sondern zornig und eventuell, je nach den anderen Körpersignalen, kurz vor der Explosion steht. Genauso wird die Katze lernen, dass der schwanzwedelnde Hund keine unmittelbare Bedrohung darstellt.

Hieran ist abzulesen, dass vorsprachliche Verständigung zwischen den Arten nicht einsilbig, sondern ähnlich der Sprache aus vielen Signalen und Merkmalen kombiniert wird:

Tier	Verhalten	Bedeutung
Hund	Schwanzwedeln	freundlich
Katze	Schwanzschlagen	unfreundlich
Katze	Haare stellen, Knurren und Schwanzschlagen	Blitzangriff steht bevor
Hund	Schwanz aufgerichtet	Dominanz
Katze	Schwanz aufgerichtet	freundlich

Mimik und Blick

Durch ihre sehr bewegliche Gesichts- und Ohrmuskulatur sowie die langen Schnurrhaare ist die Katze dazu in der Lage, ihrem Gegenüber sehr verschiedene Gesichter zu zeigen. Vor allem benutzt sie ihre Augen, um zu kommunizieren, sei es im Anblinzeln oder im Anstarren, bis die andere Katze oder das andere Lebewesen darauf reagiert. Je nach Augenausdruck, Lidbewegungen und Ohrstellung kann die Katze ihre Stimmung ausdrücken – von Wohlgefühl über aufmerksames Interesse, Anspannung, Zorn, Angriffsdrohung, Angst und Trauer.

Verengte Pupillen signalisieren wie beim Menschen Anspannung und Abwehr, aber auch erhöhte Aufmerksamkeit und frohe Erwartung.

Ist der Schnurrer tiefenentspannt, guckt er nur noch durch schmale Sehschlitze.

Ein Auge fast geschlossen, das andere halbschräg: bei der Katze wie beim Menschen: Skepsis!

Blinzelt Ihre Katze Sie betont an, dann hat sie eine Bitte oder möchte Sie vertrauensvoll begrüßen – das macht sie ihren Mitkatzen gegenüber genauso.

Theatralisches Gähnen setzt die Katze oft als Begrüßungs- oder Beruhigungsgeste ein, vor allem, wenn sich ein bekanntes anderes Wesen, ob Mensch oder Tier, nähert.

Zieht die Katze ihre Mundwinkel zurück und zeigt die beinahe geschlossenen Zahnreihen, haben wir es mit einer klaren Bekundung von Ekel und Abscheu zu tun.

Zu den Blicken gehört eine besondere Spiegelreaktion, die unter Katzen und auch anderen Tierarten funktioniert: der gemeinsame Aufmerksamkeitsfokus. Schaut das Gegenüber plötzlich auf etwas Bestimmtes, schauen wir intuitiv ebenfalls dorthin. Unsere Katze wird spontan unserem oder dem Blick des Hundekollegen folgen, so wie wir ihrem.

Sind ihre Augen weit aufgerissen, zeigt uns die Katze Angst. Dazu duckt sie sich, als wolle sie sich unsichtbar machen.

Breit nach vorne gefächerte Schnurrhaare signalisieren hohe Aufmerksamkeit und Interesse, schmal zusammengelegt und nach hinten gerichtet, Angst und Abscheu.

Jack

Unser dicker Kater Jack ist der größte Mimiker unter unseren vielen Katzen. Der schöne British Kurzhaarkater tauchte in einem harten Winter plötzlich auf unserem tief verschneiten Hof auf. Er bediente sich eines Abends wie selbstverständlich an den Katzenfutterschalen auf dem Stallfensterbrett. Wir vermuteten aufgrund der Spuren im Schnee, dass er vorher schon über längere Zeit und für uns unsichtbar die ganze Umgebung beobachtet hatte, um herauszufinden, ob unsere freilaufenden Hunde womöglich Katzenjäger wären und wie sich die bei uns bereits residenten Katzen untereinander organisiert hatten.

Als er sich seiner Sache halbwegs sicher war, ließ er seine Tarnung fallen. Nachdem er sich erst einmal in aller Seelenruhe und völlig ohne Deckung satt gefressen hatte, sprang er auf den Boden, kam schnurstracks auf uns zu, setzte sich vor uns hin und legte los: begleitet von sehr, sehr vielem Katzensprechen setzte er ein breites Grinsen auf, riss die Augen weit auf, zwinkerte, sträubte seine Schnurrhaare zu einem riesigen Fächer nach vorne und blinzelte zu uns hoch.

Er klimperte förmlich mit den Augen wie in einem Comic. Es war sonnenklar, was er damit ausdrücken wollte: „Hallo, hier bin ich! Ich bin supernett und freundlich und Ihr habt einen großen Wurf gelandet, dass ich jetzt bei Euch wohnen will!“

Es ging gar nicht anders: wir mussten ihn anlächeln und freundlich begrüßen! Dieses Mimikschema spielte er später immer wieder zur morgendlichen Begrüßung seiner Menschen ab, weil er intuitiv erfasste, dass wir uns darüber freuten und er von der guten Stimmung natürlich nur profitieren konnte.

Gesten und Körpersignale

Die Ausdrucksgestik einer Katze hat vor allem deshalb Signalcharakter für andere Tiere, weil sie ihre Fellhaare am ganzen Körper und selektiv aufrichten und damit gezielt ihren Umriss und damit scheinbar ihre Größe verändern kann. Das Fellsträuben unterstreicht die Körperhaltungen von Drohen und Ärgern bis zu Ekel und Abscheu. Letztere werden zusätzlich durch das Ausschütteln einer Vordertatze unterstrichen. Kombiniert mit Mimik, Schwanz- und Ohrenbewegungen besitzt die Katze ein sehr großes Spektrum körperlicher Verständigungssignale.

Sondersignalsender Schwanz

Schwanzschlagende Katzen – das wissen inzwischen auch unsere Hunde – sind sehr mit Vorsicht zu genießen, selbst wenn zu Beginn der Drohgebärde nur die Schwanzspitze in hoher Aufmerksamkeit hin und her schlägt. Die schwanzschlagende Katze ist emotional äußerst erregt und eher offensiv gestimmt. Kommt die Katze jedoch mit aufgerichte-

Duckt sich die Katze zu Boden, zeigt sie Unterwerfung und Unsicherheit. Hochgerecktes Schreiten mit leicht gesträubtem Rückenfell zeigt Selbstsicherheit. Und wenn sie dann noch die Schwanzhaare abstellt und stelzend umher schreitet, signalisiert sie Angriffsbereitschaft. Diese beiden machen es vor, in der überzeichneten Darstellung ihres jugendlichen spielerischen Lebenstrainings.

tem Schwanz auf ihr Gegenüber zugelaufen, will sie ihre Menschen oder die Mitkatze freundlich begrüßen. Die bewegliche Schwanzspitze zeigt klar an, wann und wie stark die Sinne einer Katze mit etwas beschäftigt sind und dass etwas in ihrem Kopf vorgeht.

Duftsignale und Markierungen

Die Verständigung mit Duftsignalen bleibt uns weitgehend verschlossen, haben wir doch bei weitem keinen solch ausgeprägten Geruchssinn wie die Katzen und hätten auch keinen Nutzen davon. Einzig die markanten und unüberriechbaren Spritzmarkierungen der Kater und manchmal auch der Katzen transportieren zu uns die klare Botschaft: „Leo war hier und hat sich dicke getan!" Oder: „Hallo, heiße Mieze sucht Kavalier." Harnspritzen und Markieren sind deutliche Demonstrationen von Überlegenheit und Revieranspruch und manchmal auch Protest. Konkret sind es oft Probleme mit dem Raumgefüge und einem Mangel an individuellen Komfortzonen.

Samson

Unser roter Sibirischer Waldkater Samson ist die einzige uns bekannte Katze, die wie ein verängstigter Hund bei Furcht und Unbehagen den langen, puscheligen Schwanz wirklich komplett zwischen die Hinterbeine klemmen kann, sodass er nicht mehr zu sehen ist. Samson hat bei dieser Körperhaltung natürlich Lauf- und Stolperprobleme und hoppelt recht unelegant einher. Interessanterweise haben die anderen Katzen dieses außergewöhnliche Verhalten nie gespiegelt und auch nicht imitiert. Sie schauten dem Kater mit dem merkwürdigen Verhalten immer recht fassungslos hinterdrein und versuchten jedes Mal, die entsprechende Situation erst einmal unabhängig für sich selbst einzuschätzen. Ist es vielleicht ein „Spezialdialekt" der Sibirischen Waldkatzen?

Das gegenseitige Beriechen und Beduften vollziehen Katzen mit ausgeklügelter Choreographie. Auch Sie werden beim Köpfchengeben,

Im häuslichen Bereich sind Duftmarken für uns nicht wirklich erfreulich, da intensiv und lang anhaftend. Mit einem Wort: der bespritzte Sessel muss weg, die bespritzte Wand muss gründlich gereinigt werden. Einen solchen „Protestpisser" von seinem schändlichen Tun abzuhalten, ist sehr schwer, wenn er erst einmal damit angefangen hat. Die gereinigten Flächen laden gleich wieder dazu ein, neue Duftschilder zu platzieren.

Ihm aber nachzugeben und ihm endlich das andere, gewünschte Futter zu präsentieren, kann diesen Erpresser nur ermuntern, immer so weiter zu machen: der Erfolg hat ihm ja recht gegeben. Wir haben bei unserem Leo auf die Methode des Ignorierens gesetzt, was uns zwar eine Weile lang sehr unschöne Erlebnisse und reichliche Putzmaßnahmen bescherte, aber auf Dauer erfolgreich war.

Düfte verraten Vieles

Untereinander verfügen die Katzen über ein breites Spektrum an Duftverständigung, denn sie sondern unterschiedliche Stoffe über Drüsen an den Kinnbacken, zwischen den Zehen und an der Schwanzwurzel ab. Diese Gerüche dienen in erster Linie sozialen Belangen, sie kennzeichnen sowohl Gruppenzusammengehörigkeit als auch Revieransprüche. Deshalb beriechen sich Katzen zu allererst, wenn sie sich begegnen. Im Übrigen auch von hinten: erst seit kurzer Zeit findet man mehr über die Bedeutung des „Analgesichts" heraus, das für die Katzennase voller Informationen ist.

Beim gegenseitigen, aber auch beim Beschnuppern von Duftspuren stellen Katzen nicht nur fest, wer das jeweilige Gegenüber ist, sondern auch, in welch körperlicher Verfassung es sich befindet. Duftet eine Katze aus der bekannten Gruppe plötzlich anders, zum Beispiel weil sie rollig, krank oder trächtig ist, wird sie eingehend und immer wieder von den anderen beschnuppert, als wollten sie sagen: „Bist du es wirklich? Was ist los mit dir?"

Flankenreiben und dem langsamen Durchziehen des Rückens unter der streichelnden Hand von Ihrer Katze gekennzeichnet.

Laute und Infraschall

Die menschliche Sprache ist letztlich nicht mehr als ein lautes Nachdenken über aktive und passive Handlungen, Wünsche, Vorstellungen und Streben, das sich aufgrund des Spiegeleffektes spontan vom Sprecher auf den Zuhörer überträgt. Dadurch fühlt der Hörer eins-zu-eins, was der Sprecher meint und ihm vermitteln will.

Der Unterschied zwischen menschlicher und tierischer Sprache besteht darin, dass einzelne Laute und Signale von den Tieren nicht zu kompakten Sätzen zusammengefügt werden – ihre Rufe und die zu vermittelnden Informationen sind aneinandergereiht, ohne Syntax oder Grammatik wie beim Menschen.

Hinsichtlich der menschlichen Sprachkomplexität ist dieser Unterschied gravierend und verschließt den Tieren eine Selbstreflektion und vieles andere mehr. Allerdings ist die tierische Aneinanderreihung von Lauten gepaart mit Gestik, Mimik und Duftsignalen ausreichend, um Informationen und Gefühle zu übertragen und auszutauschen. Gemessen am überlebenswichtigen Vermitteln von Botschaften ist der Unterschied daher nur quantitativ und nicht qualitativ.

Das Sprachzentrum des Menschen ist direkt mit seinem motorischen System und den darin befindlichen Spiegelneuronensystemen verknüpft. Dasselbe gilt für die Tiere und ihr Laut- und Signalsystem. Die Weiterentwicklung zu komplexen grammatikalischen Artikulationen ist eine relativ junge Errungenschaft der menschlichen Evolution. Mit einem Wort: wir sind den anderen, was unsere spezialisierte Sprachbegabung angeht, nur ein bisschen in der Zeit voraus.

Kommunikation hat nur dann einen Sinn, wenn das Gegenüber die Information versteht. Das können Sie bei der Lieblingskatze bemerken, die sich nach dem Hereinschlendern vor Ihnen auf den Boden setzt und zu erzählen beginnt. Sie will unbedingt verstanden werden und wieder-

Lilith

Als unsere alte braune Lilith sehr krank war, weil sie sich einen Virus eingefangen hatte, musste sie täglich vom Tierarzt behandelt und gespritzt werden. Sie führte ansonsten ein recht einzelgängerisches und eher zurückgezogenes Leben, nachdem sie ihre Katzenkinder erfolgreich groß gezogen hatte, und lebte hauptsächlich draußen und im Lämmerstall, der zehn Monate im Jahr nur von ihr allein bewohnt wurde.

So krank wie sie war, brachten wir sie im Wohnhaus in unserem Schlafzimmer unter, um jederzeit ihren gesundheitlichen Zustand im Blick zu haben sowie regelmäßig Fiebermessen zu können. Sie lag also für ein paar Tage apathisch in einem Körbchen nahe beim Ofen und wurde von uns gepflegt. Alle anderen Katzen, die im Haus ein und aus gingen, statteten ihr nun regelmäßige Schnupperbesuche ab. Eine nach der anderen schlichen sie die Treppe hinauf, traten vorsichtig und alarmiert an das Körbchen mit dem kranken Wesen und berochen die arme Lilith von oben bis unten. Dann wandten sie sich Tatzen schüttelnd von ihr mit angeekelten Gesichtern ab. Sicherlich fühlten sie das Fieber und rochen den fremden Arzneimittelgeruch, den sie ausdünstete. Als Lilith wieder gesund war, verschwand auch die Abscheu der anderen Katzen: alles an ihr roch, wie es sollte und die Harmonie unserer Katzengruppe war wiederhergestellt.

holt notfalls lauter und öfter ihre Botschaft. Die wir leider oft nicht verstehen.

Unsere Mutterkatze Leelou, die mit uns Menschen grundsätzlich ziemlich ungeduldig war, konnte fast verzweifeln, wenn ihre Botschaften nicht sofort bei uns ankamen. Dann musste sie zu stärkeren Mitteln greifen und uns durch zusätzliche Körpersignale, Bewegung und Handlung vormachen, was sie nun eigentlich wollte. Die Erleichterung war ihr praktisch anzusehen, wenn nach einer solchen Tanz-Gesang-Vorführung bei uns endlich der Groschen gefallen war: „Na also, geht doch!“

Stimmhafte Lautäußerungen

„Nein, mein Körbchen gebe ich jetzt nicht her – lass mich bloß in Ruhe!“

Die Einzelkatze äußert sich Ihnen als menschlichem Gegenüber nicht mit allen ihr zur Verfügung stehenden Variationen. Sie beschränkt sich auf die Laute, die sie einem Menschen zu verstehen zutraut und die im Zusammenleben mit den Zweibeinern überhaupt sinnvoll sind.

Das Lautrepertoire der Katze, soweit man es bisher weiß, ist größer als das aller anderen Lebewesen – mit Ausnahme des Menschen. Fauchen, Spucken und Knurren haben immer mit Abwehr, Angriff, Drohung – insgesamt mit Aggression zu tun. Ziel soll es sein, den Gegner zu beeindrucken und möglichst ohne weiteres Aufheben kampflos zu verscheuchen.

Das umfangreiche kätzische Repertoire werden Sie nur in voller Gänze erleben können, wenn sich mehrere Katzen miteinander verständigen. Es reicht vom variantenreichen Miauen über unterschiedlich helles oder dunkles Gurren, maunzendes Daherplaudern, zwitschernde Lockrufe, Jammern, begeistertes Zirpen, Trillern, verlegenes Schnattern, Warnrufe, Knurren, böses Grollen, schrilles Abwehr- und Drohkreischen, Jaulen, Heulen bis zu aggressiven Kampfschreien und – äußerst gewöhnungsbedürftigem Singen. Jede dieser Lautäußerungen kann die ausgewachsene Katze verschieden modulieren und vielfältig in Stärke, Höhe und Tiefe, Dauer und Rhythmus variieren. Alles zusammen wirkt in seiner vielfältigen Kombination oft wie Gesänge und Klangbänder.

Unsere Hauskatzen benutzen lebenslang zwei kätzische Lautsysteme gleichzeitig. Bei den freilebenden Wild- und Großkatzen lösen sie sich nacheinander ab: das kindliche Kätzchenvokabular und eine Erwachsenensprache. Auch im übrigen Verhalten unserer erwachsenen Hauskatzen hat sich manch „Kindliches“ erhalten, etwa der knetende Milchtritt. Das ist sicherlich ein Aspekt, warum sie sich domestiziert haben. Verlängerte „Kindlichkeit“ gilt als eine der Voraussetzungen für solche Tierarten, die sich im Gegensatz zu anderen überhaupt domestizieren lassen.

Stimmlose Lautäußerungen

Schnattern ist eine Art von Verlegenheits- und Übersprungslaut. Typischerweise wird die Katze keckernd schnattern, wenn sie etwa ein potenzielles Opfer vor dem Fenster vor Augen hat, aber sehr wohl weiß, dass sie nicht an es herankommt.

Bei einer heftigen Katzenstreiterei können die Lautäußerungen der Kontrahenten einem das Mark gefrieren lassen. Um sie zu verstärken, verbinden die Katzen Kreischen, Knurren, Jaulen, Spucken und Heulen noch mit jeder Menge an Körpersignalen.

Heilschnurren

Schnurren hat auch heilsame Funktionen. Man fand heraus, dass die kranke oder verletzte Katze durch die Vibration ihre Selbstheilungskräfte stimulieren kann und dass sie die Heilung von Knochenverletzungen bescheunigt. Diese Entdeckung wird in der Humanmedizin als unterstützende Therapie bereits genutzt.

Das Schnurren der Katzen ist von der Bedeutung her am interessantesten. Es stabilisiert die Mutter-Kind-Bindung: die Mutterkatze weiß, dass alles mit ihren Kleinen in Ordnung ist, wenn sie – auch beim Säugen – schnurren, und die Kleinen werden von der Mutter schnurrend begrüßt. Katzen beschnurren sich gegenseitig, um anzuzeigen, dass sie guter Absicht und einander wohl gesonnen sind. Und unsere Katze wird wohlig schnurren, wenn wir sie kraulen und an den gewünschten Stellen streicheln.

Wegen ihrer Begabung, Schwingungen von Tönen weit über unserem Hörbereich bis in den Bereich des Infraschalls wahrzunehmen, reagieren Hauskatzen extrem empfindlich auf schwächste Vibrationen wie etwa die elektromagnetischen Schwingungen von Mikrowellengeräten sowie auf die Veränderungen elektrostatischer Felder ihrer gewohnten Umgebung. Sie können daher Erdbeben ankündigen und sie wissen wegen ihrer Infraschallwahrnehmung auch, dass Frauchen nach Hause kommt, selbst wenn sie noch gar nicht zu sehen ist, sondern erst unten auf der Straße aufs Haus zu geht.

Simba

Unsere zierliche sibirische Mutterkatze hatte wie alle Waldkatzen eine sehr gurrende Lautsprache – auch als erwachsenes Tier. Dieses verwandelte sie jedoch für ihre Katzenkinder in eine ganz sanfte und weiche Lautmalerei, wie einen leisen und stetigen Singsang. Sie konnte dann je nach Gegenüber zwischen beiden Lautmustern hin und her wechseln, so als wolle sie sich in zwei unterschiedlichen Sprachen mit den Kleinen, mit uns und mit ihren Mitkatzen unterhalten.

Bei verschiedenen Katzenrassen und auch bei Katzen aus unterschiedlichen Gegenden oder Weltbereichen hat man markante und sehr unterschiedliche „Dialekte" der Katzensprachen festgestellt. Die Resonanzübertragung zwischen solchen Katzen untereinander ist relativ problemlos möglich, denn die Bedeutungen von begleitender Gestik, Mimik, Körpersignalen und stimmlosen Verständigungslauten sind gleichartig, doch für sich genommen scheinen die Katzen unterschiedliche stimmliche Vokabeln zu verwenden. Sie verfügen gewissermaßen über gleichbleibende und der generellen Verständigung zugrunde liegende Signalsysteme, aber über unterschiedliche „Wörterbücher". Auch das beweist, wie komplex und hochentwickelt das Ausdruckspotenzial der Katzen ist.

Bei wildlebenden Großkatzen wie Löwen und Geparden wurde festgestellt, dass sie zur Verständigung über weite Distanzen Infraschalllaute senden und empfangen. Schon länger bekannt ist diese Fähigkeit bei Elefanten und Walen.

Die grundlegenden Gefühle und Resonanzen

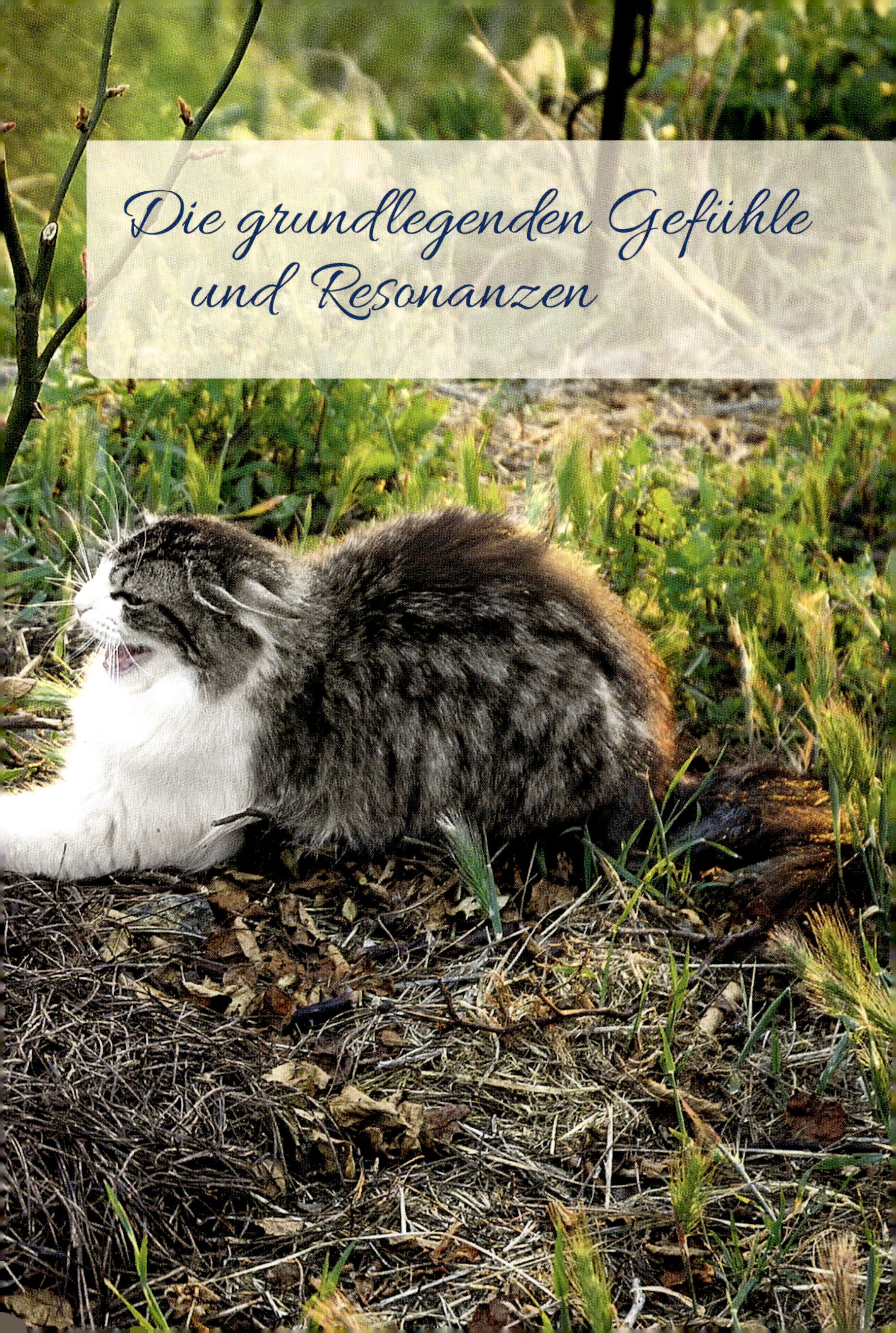

„Menschen, die Tiere haben und mit ihnen zusammen leben, müssen sich die Gefühle dieser Tiere vergegenwärtigen, denn Tiere besitzen dieselben Kernemotionen wie wir.“

aus dem Englischen: Temple Grandin, „Animals in Translation“, 2006

Sehr starke Gefühle sind Frucht und Angst, Panik und Wut. Deren Signale und Resonanzen werden von der Katze zu Ihnen und umgekehrt unmissverständlich gespiegelt. Genauso offensichtlich zeigen sich Freude und Spaß. Alle diese Gefühle haben sofortigen gegenseitigen Signalcharakter. Traurigkeit und Trauer dagegen schleichen sich langsamer und leiser ein und halten meistens länger an.

Furcht

Unterschiedliche Stärken von Furcht und Ängsten zeigen sich bei genauerer Beobachtung in Mimik, Körperhaltung, Ohrenstellung und anderen körperlichen sowie stimmlichen Signalen der Katzen sehr augenfällig. Und sie werden von aufmerksamen Menschen ebenso deutlich verstanden, wie uns unsere Lilith mit ihren Jungen gezeigt hat:

Von oben irgendwoher dringen verzweifelte, angstvolle Piepser an unser Ohr. Ein Chor aus vielen dünnen Stimmchen macht sich kläglich, aber vehement bemerkbar. Wir sehen uns im Hof um: nichts zu erkennen außer dem Grünen und Sprießen der Maivegetation. Da kommt unsere Mutterkatze Lilith eilig angelaufen. Auch sie schaut forschend um sich, dann sucht sie fragend unseren Blick: „Das Klagen kommt doch von hier?"

Wir schauen nach oben in die erst wenig belaubten, sieben Meter hohen Walnussbäume. Liliths Blick folgt dem unseren. Am allerhöchsten senkrechten Ast krallen sich untereinander aufgereiht wie eine pelzige Perlenkette die fünf jungen Kätzchen von Lilith an die Baumrinde. Alle in Richtung nach oben. Sie können nicht weiter hoch – es ist sozusagen das Ende der Fahnenstange. Die Kleinen schauen ängstlich hinab und schreien um Hilfe.

„Oh, oh, rauf war ja einfach – aber wie komme ich jetzt wieder runter? Aha – andersrum!"

Lilith scheint ratlos. Sie schaut von den Kätzchen zu uns und wieder zurück. Wir spüren sofort einen inneren Impuls, mit einer Leiter auf den Baum zu steigen, um die Kätzchen zu retten. Doch dann beginnt Lilith, sehr hastig den Baum hinaufzuklettern. Sie erreicht die Kleinen, während sie ununterbrochen beruhigende Gurrlaute ausstößt. Die Kätzchen verstummen, als sie ihre Mutter hören und erkennen. Das unterste versucht sich umzudrehen, aber dass das Hinunterklettern am Baum vorwärts nicht funktioniert, haben ja alle schon in den vergangenen verzweifelten Minuten erfahren.

Lilith lässt sich nun einen halben Meter seitwärts von den Kleinen wie in Zeitlupe mit ihren Steigeisenkrallen rückwärts den Baum herunter: die Jungen schauen ihr mit verdrehten Köpfchen aufmerksam zu. Sie klettert wieder nach oben und vollzieht die gesamte Vorwärts-Rückwärtsübung mehrere Male.

Bis die Kätzchen endgültig verstanden haben. Ihre für die Bewegungs- und Handlungsabläufe zuständigen Spiegelneuronensysteme sind aktiviert worden und haben das Bild der rückwärts hinunterkletternden Mutterkatze unbewusst gespeichert. Die Kleinen beginnen nun sehr unsicher und vorsichtig mit dem neuen Bewegungsprogramm selbst den Abstieg, in der richtigen Körperhaltung: rückwärts!

Nicht alle der fünf Kleinen kommen gleichzeitig schnell unten an. Die glücksfarbene Pinga ist viel vorsichtiger und langsamer als ihre Geschwister. Der dreiste rote Leo und sein noch dreisterer roter Bruder Moritz überholen sie einfach auf der gegenüberliegenden Stammseite. Beide tun schon intuitiv das Richtige und wagen sich auch, um den Stamm herum zu klettern, um schneller absteigen und wieder unten sein zu können.

Endlich komplett auf der Wiese gelandet, putzt die sichtlich erleichterte Lilith ihre Jungen flüchtig ab und legt sich dann zum Säugen schnurrend und gurrend auf die Seite. Das Familienglück ist perfekt, Lilith tauscht noch einen freundlichen Blick mit uns menschlichen Zuschauern aus und schließt dann beruhigt und zufrieden die Augen. Und wir atmen ebenfalls auf!

Nach diesem Lernerfolg waren die Kleinen in den nächsten Tagen nicht mehr zu bremsen, sie mussten ihre neue Fähigkeit immer und immer wieder ausprobieren – bis diese durch Resonanz erzeugten Handlungsabläufe fest abgespeichert sind und damit intuitiv beliebig oft und jederzeit aktiviert werden können.

Einige Jahre später agierte unsere dritte Mutterkatze, die rote Waldkatze Simba, in der gleichen Situation noch wesentlich anschaulicher: sie stieg ihren drei schreienden Sprösslingen sofort hinterher, zeigte dann das richtige Hinabklettern an einem auf gleicher Höhe benachbarten Ast, wo alle Kleinen ihren gesamten Bewegungsablauf von der Seite her genau betrachten konnten. Das simultane Übernehmen ihrer Bewe-

Der erste Schreck ist schon vorbei, nur die Katze an der rechten Seite des Hundes ist sich noch nicht ganz sicher. Ihre Nackenhaare stehen zum Kamm und sie stelzt leicht mit den Hinterbeinen. Signal an den Hund: „Komm mir nicht zu nahe!"

gungen ging viel schneller als bei Liliths Kätzchen und Simba machte – zu unserer Überraschung – auch noch Tempo: mit Anfauchen und Tatzenhauen nach den Kleinen.

In beiden Fällen fand sichtbares Verständnis zwischen den Mutterkatzen und ihren Kleinen und uns Menschen statt. Die Furcht der Kätzchen wurde von der Mutterkatze emotional gespiegelt – und genauso auch von uns Betrachtern durch den gemeinsamen Aufmerksamkeitsfokus mit der Mutterkatze und dem beidseitigen Rettungsimpuls.

Das Auflösen der prekären Situation durch vorführendes Lehren durch die Mutter und das Lernen der Kleinen mittels Resonanz bislang unbekannter Bewegungs- und Handlungsabläufe sowie ihre Umwandlung in intuitives Tun gehen zu hundert Prozent auf Rechnung der Spiegelneuronensysteme.

Begegnung mit Unerwartetem

Bei einer unerwarteten Begegnung wie einem fremden Hund auf dem eigenen Gelände oder einem neuen Einrichtungsgegenstand im gewohnten häuslichen Umfeld sind die Zeichen von Furchtsamkeit zunächst wie beim Reagieren auf einen leichten Schreck: jähes Inne-

Mikesch

Mit unserem Kater Mikesch mussten wir solch massive Panikreaktionen zweimal miterleben. Im besten Kateralter wurde der schöne große Kartäuser direkt vor unserem Hof von einem vorbeifahrenden Auto gestreift. Seine Verletzungen waren, wie wir später beim Tierarzt erfuhren, nicht lebensbedrohlich. Er torkelte jedoch auf der Straße umher, brach zusammen, stand wieder auf, machte merkwürdige Seitensprünge vom Haus weg und wieder darauf zu, gab unheimliche, japsende und keckernde Laute von sich.

Nachdem wir ihn eingefangen hatten, begann er auf der Fahrt zum Tierarzt zu kollabieren: nur eine Herzmassage konnte ihn einigermaßen stabil halten, die Augennickhaut war über die Pupillen geschoben, sein Atem ging rasend, er zuckte und wand sich auf dem Schoß, stieß gepresste Keuchlaute hervor und war durch nichts mehr zu beruhigen, bis er das Sedativum vom Tierarzt bekam. Die rasende Angst in ihm übertrug sich unmittelbar auch auf uns, körperliche Signale wie heftige Übelkeit, Herzrasen und Ohrenrauschen befielen uns auf der Heimfahrt, während er betreut in der Obhut des Tierarztes geblieben war.

Als Mikesch viele Jahre später nach einem langen, schönen Katerleben und einer kurzen, heftigen Alterserkrankung merkte, dass er nur noch wenig Zeit zu leben hatte, wurde er in den letzten Erdenstunden nochmals panisch vor Angst. Nun allerdings suchte er nach stundenlangem, rastlosen Herumirren im Haus unsere Nähe und teilte sich über bittende und bettelnde Maunzlaute mit, wie kleine Kätzchen ihrer Katzenmutter gegenüber, wenn die sich dringend um sie kümmern soll. Mikesch lief spätabends rastlos vor unserem Bett hin und her, setzte sich, stand wieder auf, suchte einen anderen Ort, fand keine Ruhe und steigerte sich in ein jammerndes Kätzchenschluchzen hinein, das immer dringlicher wurde und auch in eine Art von Hyperventilation mündete.

Wir nahmen den Kater, der jetzt nur noch Fell und Knochen war, auf den Arm und gingen mit ihm in unsere Lesestube, wo er Zeit seines Lebens am liebsten geschlummert hatte. Wir legten ihn auf sein Lieblingssofa, deckten ihn warm zu und streichelten und beruhigten ihn. Mikesch hörte mit dem Jammern auf und fing ganz leise an zu Schnurren. Er suchte ständig Blickkontakt und weil er sich nur noch mühevoll zu uns nach oben wenden konnte, setzten wir uns vor dem Sofa auf den Boden, damit das Anschauen leichter ging. Wir flüsterten mit ihm leise und langsam, er blinzelte langsam zurück. Dann wurde seine Atmung normal und er drehte die Vorderpfoten zur Ruhestellung unter die Brust, wie das alle Katzen tun …

Das Sterben von Mikesch war für uns sehr bewegend und geprägt von einer tiefgehenden nonverbalen Verständigung weit über die Artgrenzen hinaus. Die Resonanz war hier praktisch umgekehrt: unser Kater machte eine für ihn neue, massiv beängstigende, nicht eingeübte Erfahrung. Wir konnten ihn bei der Bewältigung lediglich beruhigend, vertrauenspendend und liebevoll unterstützen. Aber Mikesch gab uns wie die Katzenmutter ihren Kleinen einen neuronalen Input, der ein intensiv prägendes Emotionsecho für immer bei uns hinterlassen hat.

halten in Lauf und Bewegung. Dem folgen ein Erstarren des Körpers, weit aufgerissene Augen und ein Niederlegen des Schwanzes. Je nachdem, wie sich das Unerwartete dann beträgt, der Hund dreht sich zum Beispiel um und geht fort, oder das unbekannte Möbelobjekt greift nicht an, dann entspannt sich der Katzenkörper bald und der Gemütszustand wechselt zu Normalität oder Neugier. Das haben Sie sicherlich mit Ihren kleinen Schnurrern auch schon erlebt.

Angst

Bei stärkeren Angstzuständen, etwa nach dem Umzug in eine fremde Umgebung, zeigen sich nicht nur die furchtsamen Körpersignale wesentlich deutlicher, sondern die Katze wird versuchen, sich irgendwie unsichtbar zu machen, sich zu verstecken, sich so klein wie möglich zusammenzufalten und mit aufgerissenen Augen, angelegten Ohren und eingeklemmtem Schwanz viele Stunden lang aus ihrem Versteck heraus dieses unbekannte Terrain geduckt und stumm taxieren. Erst dann wird sie sich vorsichtig, langsam, immer wieder innehaltend und sich umschauend, Schritt für Schritt beginnen, das fremde Umfeld oder die neue Wohnung zu erkunden.

Bei jeder Katze, alt oder jung, die Sie in Ihr Zuhause holen, werden diese Verhaltensmuster mehr oder weniger ausgeprägt zu erkennen sein! Das Vertrauen in eine bislang bekannte und damit vorhersehbare Umgebung ist verlorengegangen. Es muss erst wieder neu erworben und im Innersten befestigt werden. Dasselbe gilt für noch lernende Kätzchen, die ein neues Handlungsmuster anwenden sollen, das sie erst nachahmen, spiegeln und abspeichern müssen, um ihm zukünftig intuitiv ihr Wohlergehen oder gar ihr Leben anvertrauen zu können. Diese Zeit braucht die Katze.

Panik

Massive Angst und schließlich Panik, die aus einer gefühlten unmittelbaren Lebensbedrohung entsteht, wenn eine vorhersehbare Gewissheit im Handeln plötzlich durch bisher unbekannte Ursachen komplett verloren geht, wirft die Katze nicht nur völlig aus dem seelischen, sondern auch aus dem körperlichen Gleichgewicht. Unter der enormen Stresssituation fängt sie an, mit offenem Maul zu hecheln und zu hyperventilieren, zeigt einen taumelnden, unsicheren Gang, wirkt orientierungslos, scheint ins Leere zu starren und gibt schwache, stöhnende Laute von sich.

Dies kann nach Unfällen passieren, bei denen die Katze zwar glimpflich davongekommen ist, aber Todesängste ausgestanden hat.

Gut zu wissen

Bei massivem Angststress oder Panik kippt die Arbeit der vorbewussten Spiegelneuronensysteme in ein totales Leistungstief, daher fallen auch intuitiv richtige Reaktionen komplett aus und die dadurch nun ungesteuerten Handlungen machen die Lage oft schlimmer, als sie schon war.

Manche Katzen sterben nach einer solchen Erfahrung an Herzversagen oder Schlaganfall durch Schock und Stress, andere torkeln ziellos und wie blind umher – im Straßenverkehr womöglich in die verheerend falsche Richtung.

Ärger und Wut

Der entschiedendste Zwutzeler unter all unseren früheren und heutigen Katzen war der schöne Kartäuserkater Mikesch. Von Natur aus körperlich mächtig und mit einem riesengroßen Ego ausgestattet, hatte er an fast allem prinzipiell etwas auszusetzen. Das Wetter war mal wieder falsch und anders als erwartet, das Futter nicht genehm, die Spielfreude der anderen Katzen ging ihm total auf den Wecker.

Er ärgerte sich oft und gerne und vermittelte dies den anderen Katzen, den Hunden und uns sehr treffsicher und unmissverständlich. Die Katzenbande hatte das schnell gelernt und viele verengte Augenpaare beobachteten seinen gravitätischen Einzug in die Küche zur Kontrolle der Fressnäpfe sehr aufmerksam und angespannt. Seine Schwanzspitze kam aus dem Zucken und Pendeln kaum heraus, notfalls wurde das noch durch leises, gefährliches Knurren und giftige Blicke verstärkt. Die Ohren leicht zurückgelegt, inspizierte er mehrmals täglich das Innenterritorium, um sich dann gravitätisch für einen der besten Ruheplätze zu entscheiden.

Sein Ärger übertrug sich als Resonanz sofort auf die anderen Katzen. Wie bei der Reise nach Jerusalem musste eine nach der

Achtung, hochexplosiv! Diese Katze ist richtig sauer. Kämen Sie ihr jetzt nur noch den Bruchteil eines Millimeters näher, würde sie das mit einem bösen Hieb beantworten. Ihre Krallen stehen schon in der Luft.

Gupta

Massive Überlebensangst kann allerdings durch das damit verbundene Zusammenbrechen der intuitiv richtigen Reaktionen auch ungewohnte Energie und großen Mut erwecken und schließlich zum richtigen Ergebnis führen. Das haben wir bei unserer Katze Gupta erlebt, die bereits kurz vor dem Verhungern nach langem Elend des Ausgesetztseins alle kätzisch „normalen" Verhaltensweisen fallen ließ und praktisch über ihren Todesschatten sprang.

Mit beiden alten Border Collies an der Leine kam mein Mann von einem Spaziergang zurück, als neben dem Weg in der Schlucht fürchterliches und panisches Schreien zu vernehmen war. Er suchte und lockte, und eine winzige, völlig abgemagerte und geschwächte junge Katze kam auf den Weg gekrochen. Mein Mann führte sicherheitshalber die Hunde weiter – das Kätzchen kam nach kurzem Zögern einfach mit. Mit letzter Kraft begleitete sie den Fremden und die großen, unbekannten Hunde auf Weg und Straße bis zu unserer Finca. Ohne zu zögern ging sie mit ins Haus und stürzte sich sofort auf den Futternapf.

Mut aus der schieren Verzweiflung heraus haben wir damit belohnt, dass wir die kleine Gupta in unsere Katzenbande aufnahmen. Die anderen Katzen beobachteten ihre verängstigten Körpersignale, berochen die Ausdünstung ihrer riesenhaften Furcht, erkannten ihre Schwächlichkeit und ließen sie tagelang völlig in Ruhe. Inzwischen ist Gupta integriert, hat sich mit dem schönen weißen Siamkater Jedi einen treuen Kuschelfreund geschaffen, wurde vom Tierarzt rundum erneuert, sterilisiert und heil gemacht. Sie ist gewachsen und hat ein vernünftiges Körpergewicht, auch wenn sie wegen der frühen Mangelerscheinungen vermutlich extrem zierlich bleiben wird. Sie hat ihren absoluten Überlebenswillen gegen die eigene Todesangst gesetzt und gewonnen!

anderen reihum den Platz wechseln, jede mit sichtbarem Unwillen und genervt von dem grauen Griesgram. Ärger ist unter Katzen genauso ansteckend wie unter den Menschen. Das ist der Grund dafür, dass alle Katzen Streit zwischen Menschen aus dem Weg gehen und vor unserer Wut das Weite suchen. Was das Zusammenleben mit uns betrifft, sind sie einfach total harmoniebesessen.

Rangstreitigkeiten

Der normale Ärger zwischen den Katzen einer Gruppe entsteht durch häusliche Kleinreibereien. Untereinander kann das um den Vorrang beim Fressen oder die Lieblingsstelle zum Ausruhen gehen. Uns gegenüber machte Mikesch das ganz deutlich, indem er seinen Missmut von grummelndem Schmollen über leises Knurren bis zum gezielten Tatzenhieb steigerte: Leckerlis wurden nicht rasch genug ausgeteilt oder der Mensch versuchte gar, den Kater von einer Schlafstelle wegzuheben, um wieder an die Briefablage oder die Computertastatur zu gelangen. Schon sandte er sämtliche Ärgersignale aus. Und wenn der dumme Mensch nicht schnell genug verstand, gab es eben flinke, gut gezielte Krallenkratzer. Selbst wenn wir unsere

„Mein Revier! Meine Leute! Mein Futter! Verstanden?“

menschliche Vorherrschaft und Autorität im eigenen Hause durch klare Worte demonstrieren wollten, drehte er nur indigniert den Kopf weg.

Heute hat der Sibirische Waldkater Samson diese brummelige Rolle eingenommen. Sein Missmut über dieselben Vorkommnisse äußert sich jedoch glücklicherweise auf defensivere Weise. Wenn er feststellt, dass die anderen Katzen oder wir uns nicht seinem Willen unterwerfen, zeigt er alle entsprechenden Körpersignale wie Schwanzschlagen und böse mit angelegten Ohren in die Runde gucken. Dann zieht er sich abrupt zurück, bestraft uns alle danach mit langem Ausbleiben. Wenn nach ein paar Stunden unsere Rufe deutlich sorgenvoller klingen, kehrt er gelassen zurück und muss sehr stark umschmeichelt und verhätschelt werden, bevor er aufhört zu schmollen und seine gute Laune zurückkehrt.

Gut zu wissen

Alle Formen von Angst können unter Umständen, wenn die Gesamtsituation allumfassend zum Wutausbruch zwingt, auch in Aggression umschlagen: gegenüber dem angsterzeugenden Wesen, ob Katze, Hund oder Mensch oder und gegenüber unheimlichen Dingen. Die Katze explodiert regelrecht.

Angstgesteuerte Wut

Der ernstzunehmende Vorläufer von Wut und Aggression ist angstgesteuerter Ärger – das passiert immer, wenn zum Beispiel ein Neuer im vertrauten Revier auftaucht. Als unser legendärer Kater Jack praktisch aus dem Nichts im tiefen Winter auf unserem Ziegenhof erschien und sich ganz dreist und direkt uns Menschen anvertraute, waren alle anderen Mitglieder der Katzenbande wie erstarrt vor Schreck und Ärger. Bis auf die dicke alte Lilith, deren selbst gewähltes Einzelgängerleben im Melkhaus ein jähes Ende fand, als der große British Kurzhaar sich einfach dort mit einquartierte.

Die sehr wutgeladene Situation kam jedoch schnell in Ordnung, es gab keine Eifersüchteleien, keinen anhaltenden Rangordnungsärger. Nachdem sich Lilith quasi unterworfen hatte, ließ Jack sie auf Dauer in Ruhe und sie genoss es plötzlich geradezu, nicht mehr so allein dort zu hausen. Auf ihre unterwürfige, wenn auch wütende Reaktion hin spiegelte Jack sofort ihr Verhalten und schloss einen immerwährenden Burgfrieden mit ihr. Er bekam ein Körbchen neben ihres auf den Melkstand gestellt und zog sofort dort ein – glücklich und zufrieden.

Völlig anders bei den anderen Katzen, die winters allesamt Zuflucht im beheizten Wohnhaus suchten, wo Jack natürlich auf seinen Erkundungsgängen im neuen Revier auch hinkam. Die beiden Brüder Pongo und Leo, eher schlichte und sehr friedliche Zeitgenossen, fielen vor Schreck fauchend vom Küchenschrank, als der unbekannte Riese einfach so in die Küche geschlendert kam. Jack sah diese zwei vor ihm herabfallenden Kater als unerwartete Bedrohung an und fauchte mächtig zurück.

Es entwickelte sich eine wilde Treibjagd durchs Haus und auf dem Hof, gegenseitiger Schreck und Ärger mutierten zu handgreiflicher Wut und je mehr sich alle Parteien in ihrer Rage spiegelten, desto höher kochten die Aggressionen. Es wurde geschrien und gespuckt, Fellbüschel verteilten sich im Schnee – ein dramatisches Schauspiel höchster Erregung. Im Ergebnis war keiner verletzt, aber der Stolz und die Selbstachtung bei Pongo und Leo waren dahin. Später gingen sie Jack immer sofort aus dem Weg, wenn er sich blicken ließ.

Die anderen Mitkatzen hatten sich angesichts dieses erschreckenden Vorfalles vorsichtshalber für die totale Defensive entschieden und versteckten sich vor dem Neuen, wann immer sie seiner ansichtig wurden. Aber: nichts half mehr. Der Winter ging vorüber, Frühling und Sommer kehrten ein, und sobald sich Jack dem Wohnhaus näherte, nahm er eine bewusste Ärgerhaltung ein, ging steifbeinig mit peitschendem Schwanz über den Hof und raste sofort angriffslustig los, wenn er eine der Hauskatzen auch nur von Ferne sah. Diese flohen vor ihm, er setzte nach, es gab Tatzenhiebe, Geschrei und Gekratze, bis Jack sich wieder in die Umgebung seines Melkhauses und auf sein und Liliths privates Terrain zurückzog.

Wir vermuten, dass Jack als Einzeltier extrem menschenbezogen gelebt hatte, bevor er aus ungeklärter Ursache bei uns auftauchte. Er war da schon um die sechs Jahre alt, sehr gepflegt, kastriert und zahm. Niemand vermisste ihn: wir hatten erfolglos Annoncen aufgegeben und überall herumgefragt.

Sein Verhaltensrepertoire war uns Menschen und den Hunden gegenüber sehr sensibel, freundlich und fein abgestimmt – nur mit anderen Katzen konnte er absolut nichts anfangen. Das änderte sich völlig unerwartet und schlagartig, als wir in seinem zweiten Jahr bei uns ein junges Kätzchen dazu bekamen: Jedi, den weißen Siamkater.

Jack war einfach nicht mit anderen Katzen sozialisiert – er beherrschte keinerlei Kultur oder Umgangsform mit ihnen.

Freude und Spaß

Am Anfang wollte keine unserer erwachsenen Katzen mit dem kleinen Jedi spielen. Als der junge Siamkater aber begann, ganz vorsichtig und auf sich allein gestellt das Außenterritorium zu erforschen, entdeckte ihn Jack. Voller Interesse und Neugier mus-

Spiel, Spaß und die unbändige Freude daran sind die vorherrschenden Emotionen der Katzenkinder, notfalls bis zur restlosen körperlichen Erschöpfung.

terten sich die beiden. Nach ein paar angespannten Augenblicken – in denen wir die Luft anhielten – fing Jack damit an, kindliche Mätzchen vor dem Kleinen zu vollführen: das große Tier wälzte sich grinsend und maunzend auf dem Gras hin und her, sprang mit linkischen Sätzen vor Jedi kreuz und quer, versteckte sich hinter Baumstämmen, um dann ganz überraschend wieder hervor zu hopsen und den Kleinen sanft mit der Tatze anzustupsen. Jedi war begeistert. Jack war begeistert. Wir konnten den Spaß am gemeinsamen Herumtoben in beider Augen blitzen sehen.

Offenbar versetzte der neue kleine Kater den alten Jack in einen Nachholmodus seiner eigenen, verpassten Kindheit und aktivierte völlig vergessene Resonanzphänomene in ihm. Jack machte in der Folgezeit mit Jedi all das, was sonst eine Katzenmutter mit dem Heranwachsenden tut: er brachte ihm halbtote Mäuse mit nach Hause und zeigte ihm alle Jagdtricks und -finten, half ihm beim Bäume hinabklettern und fauchte die anderen Katzen an, wenn sie seinem kleinen Schützling zu nahe kommen wollten. Vor allem: Jack hatte mächtig Spaß daran und verlor viel von seinem vorher so unsozialen Wesen.

Spiel ist Überlebenstraining

Den intensivsten Ausdruck von Spaß und völlig unverstellter Lebensfreude kann man wie bei Kindern auch bei Katzenkindern entdecken. Der Grund hierfür ist, dass der innere Simulator das Spiel als Lernen fürs Überleben bewertet, als lebendiges Probehandeln für ein erfolgreiches Dasein als Erwachsener. Das selbststimulierende System speichert in dieser frühen Phase alle nötigen Details für ein erfolgreiches Sein und belohnt die Spielteilnehmer mit Glückshormonen. Das macht Spaß und Freude und schafft Vertrauen in die Umwelt und sich selbst.

Auf diese Weise werden bei den kätzischen Raufspielen Kampfrituale und Rangordnungen gelernt, wobei es niemals immer nur ein und denselben Gewinner dieser Spiele gibt. Ganz im Gegenteil! Dauernd tauschen die Gewinner und Verlierer die Rollen indem das kräftigere Tier sich selbst handicapt, um nicht immer zu gewinnen. Denn dann wäre es auf Dauer langweilig und niemand würde mehr mit ihm spielen wollen. Das gilt sogar für reine Kraftspiele wie das Tauziehen. Wir

Das beste Spielzeug ist Mutters Schwanz. Damit animiert sie ihre Jungen zu den allerersten Spielen.

Gut zu wissen

Alle Handlungs- und Bewegungsmuster und damit das Vertrauen in die Lebensumgebung werden in erster Linie von der Mutter erlernt. Fehlt sie oder verschwindet aus dem Kätzchenleben, bevor alle inneren Programme durch ständige Übung gespeichert sind, kann und sollte als Ersatz auch ein anderes erwachsenes Wesen, Mensch oder Tier, diese Rolle einnehmen.

konnten bei Jack und Jedi beobachten, dass der erwachsene stämmige Kater sich schwächer stellte und sich vom Babykater am gemeinsamen Band hinter sich her ziehen ließ. Deshalb ist es ratsam, dass Sie beim Spielen mit Ihrem kleinen Kätzchen nicht jedes Mal gewinnen! Auch Sie müssen beim Rollentausch mitmachen, damit das Spiel weitergeht und dadurch weiter gelernt werden kann.

Der spielerische Rollenwechsel ist Lernen durch intuitive Resonanz, ermöglicht durch die spiegelneuronale und vorbewusste Imitation. Dass diese direkte Form Wissen zu erlangen wesentlich effektiver ist als eine theoretische oder sprachliche Vermittlung, wird sofort klar, wenn Sie versuchen, einen schwierigen Seemannsknoten nur mit einer schriftlichen Gebrauchsanweisung zu machen. Sehen Sie aber einem erfahrenen Seemann beim Knoten zu und machen einfach mit, werden Sie wesentlich schneller und erfolgreicher das Geschick dazu erworben haben.

Kleine Kätzchen tun das unablässig, mit den einzigen Unterbrechungen von Fressen und Schlafen. Sie lernen auf diese Weise vom Muttertier oder einem Patenkater das Jagen und Klettern, Anschleichen und Belauern, richtiges Springen, Beute erkennen und töten.

Die Berechenbarkeit von Handlungs- und Bewegungsmustern kann nur durch spielerisches Üben entwickelt und abgespeichert werden – und daraus wächst Vertrauen in sich selbst und in die Lebensumgebung.

Menschliche Spielkameraden

Wenn Sie sich ein einzelnes Kätzchen nach Hause holen und dort keine anderen Wesen auf es warten, dann heißt das: Sie müssen sich im ersten halben Lebensjahr sehr zeitintensiv mit dem Neuling beschäftigen, damit er sich gut und glücklich entwickelt. Es gibt zu diesem Thema viele Bücher, aus welchen Sie Ideen und Bereicherungen für eine erfüllte und spannende Katzenjugend bei sich daheim gewinnen können. Denn auch der Stubentiger will seine angelegten Grundprogramme lernen und den Erfolgskick bekommen, wenn er sich über sein Erreichtes freuen kann. Also ist eine Spielvielfalt nötig, die seine Grundbedürfnisse stillt, seinen spiegelnden Lernbedarf deckt. Dennoch soll sie Ihre Einrichtung und Ihre Wohnung schonen.

Auch wenn Ihre Einzelkatze erwachsen ist und vielleicht keine Außenwelt als Territorium für Überraschung und Neugier hat, braucht

Von Mutter abgeschleckt ...

„... probier ich doch gleich bei meinem Geschwister."

sie Anreize und Spannung, um gesund und munter zu bleiben. In erster Linie ist hier das Clickertraining zu nennen, das für die Katze dauerhaft aufregend bleibt, selbst wenn sie aus der eigentlichen Spiel-und-Lern-Phase heraus ist. Und basteln Sie ihr artgerecht kätzisches Spielzeug am besten selbst – für wenig Geld, mit geringem Aufwand, aus natürlichen Materialien und mit viel positivem Effekt.

Das Wichtigste bei allen Spielen ist und bleibt der Partner auf der Gegenseite! Für sich alleine zu spielen ist für Ihre Katze auf Dauer genauso öde, wie wenn Sie Tag für Tag einsame Patiencen legen, um sich zu unterhalten ... Wenn Sie die richtigen Spiele spielen, ausreichend Zuwendung, körperliche Nähe und emotionale Wärme spenden, das kleine Kätzchen mit kätzischen Gebärden wie Köpfchengeben und Nase-an-Nase-Stupsen sowie Gurren, Anfauchen oder Schnurren zur Entwicklung seiner eigenen Lautäußerungen bringen, können Sie ihm durchaus die fehlende Katzenmutter und dem erwachsenen Tier den fehlenden tierischen Partner ersetzen. Ahmen Sie das Geputztwerden von der Mutter nach, indem Sie ihr das Fell bürsten. Nehmen Sie es also rundum wie ein Adoptivkind an und lassen Sie es sich mit Ihnen aktiv spiegeln.

Ein Adoptivkater als Lehrmeister

Nicht nur mit dem großen Jack und Jedi konnten wir diese Beobachtung machen, sondern auch mit unserem roten Leo und seinem Adoptivkind Streicher. Eine wildlebende Dorfkatze hatte ihren Wurf in einem alten Bauwagen aus unbekannten Gründen im Stich gelassen, als die Kätzchen erst wenige Wochen alt waren. Wir fanden das Strohnestchen per Zufall in einer dunklen Ecke – das kaum hörbare Piepsen eines einzelnen Kätzchens hatte unsere Border Collies dorthin gelockt. Eines der winzigen Wesen war noch schwach am Leben, wir nahmen es mit nach Hause, setzten es in einen Pappkarton auf eine Wärmflasche und dann haben wir es mit einem Puppenfläschchen und warmer Ziegenmilch gefüttert. Da das Katzenbaby noch sehr jung war, mussten wir es, mit einem Wattebausch über das Bäuchlein streichend, dazu bringen, Pipi zu machen. In diesem Alter leckt die Mutterkatze die Katzenjungen so lange, bis sie sich erleichtern können. Das dient der familiären Sicherheit, damit keine verräterischen Duftspuren hinterlassen werden, wenn der Wurf bedroht ist und die Mutter ihre Jungen woandershin verbringen muss.

Es wird relativ häufig beobachtet, dass erwachsene Kater solche Patenschaften für ein kleines Kätzchen übernehmen. Spiegeln sie damit die eigene gute Zeit voller Empathie bei ihrer eigenen Katzenmutter? Vielleicht wäre es aufschlussreich, einmal zurück in die Lebensgeschichte solcher Kater zu schauen, sofern man sie kennt.

Katzenmütter

Das Begrüßungsschnurren der Katze ist wie ein offenes und breites Lächeln. „Die Kinder sind alle noch da!" Und die Babykatzen spiegeln dieses Schnurrlächeln der Mutter gleich nachdem sie auf der Welt sind. „Mutti ist wiedergekommen!" Ein Wurfkorb mit Katzenbabys, deren Mutter gerade von einem Ausflug zurückgekehrt ist, ist das Bild reinster Freude und tiefen Glücklichseins. Und das ist ansteckend – deswegen lächeln wir Menschen glücklich ins Körbchen hinein und genauso lächeln wir, wenn uns unsere Katze beim Nachhausekommen stürmisch und gurrend begrüßt.

Lilith und Simba, unsere zwei Vorzeigemütter, kümmerten sich allerdings um das spätere Erforschen des Territoriums und das Hoferkunden ihrer Kätzchen nicht sonderlich weiter. Sonst vorbildlich im Beibringen von Beutetöten, Klettern und Jagen überließen beide Katzen ihren Jungen das Kennenlernen der Umgebung selbst.

Da gab es jedesmal ein Kätzchen, das sich am Weitesten hinaus wagte in die fremde Welt, bis zur absoluten Angstgrenze, und dann

Leo

Unsere anderen Katzen beäugten dieses mausegroße Moseskind äußerst misstrauisch und wandten sich dann Tatzen schüttelnd und angewidert ab. Bis auf Leo.

Leo sah sich unsere Bemühungen um die kleine Kreatur etwa eine Woche lang sehr aufmerksam an. Da er immer die Reste aus dem alle zwei Stunden verabreichten Ziegenmilchfläschchen bekam und so von unserer Zuwendung für den Zwerg selber profitierte, hielt er sich die meiste Zeit neben dem Karton auf, in das der kleine Streicher einsam und unglücklich um Hilfe piepsend gebettet war.

Wir glauben, dass Leo, der von früher Jugend auf ein extrem soziales Wesen zeigte, die verzweifelte Isoliertheit des Katzenbabys gespürt hat und seinen lebensbedrohlichen Zustand intuitiv erfasste. Eines Morgens fanden wir Leo mit im Karton, eng um das Kleine herumgeschmiegt. Und Streicher gurrte höchst zufrieden ein dünnes Babyschnurren.

Nachdem wir jetzt beiden die Fläschchen verabreicht hatten, trauten wir unseren Augen nicht: Leo bearbeitete den Kleinen wie eine erfahrene Katzenmutter und nahm seinen Urin auf. Streicher war sehr glücklich darüber – das fühlte sich entschieden besser an als diese Wattebäusche von den ungeschickten Menschen! Der Kleine quiekte vor Freude und Leo machten seine Mutterpflichten sichtbar Spaß. Von da ab nahm Leo seine Rolle bis aufs Füttern ganz und gar an und war stolzer Adoptivvater.

Als Streicher glücklich und geborgen größer wurde und endlich seinen Karton verließ, begleitete Leo ihn auf Schritt und Tritt. Nie mussten wir uns Sorgen machen, wo der Kleine war – wir brauchten nur nach dem großen roten Kater zu schauen und wussten, dort ist Streicher. Leo brachte ihm Spielen bei und Jagen, zeigte ihm den Hof und die umliegenden Koppeln. Das Vertrauen, das Streicher in seinen Adoptivvater setzte, war größer als die Furcht vor dem unbekannten Terrain: er ging sofort und ohne zu Zaudern mit ihm gemeinsam los. Wenn er doch einmal zögerte, wartete Leo in Sichtweite mit Lockrufen und Maunzen, bis der Kleine sich wieder traute, nachzukommen. Es entstand eine lebenslange Freundschaft mit stark ausgeprägter, gegenseitiger Empathie.

Die normale Freude einer Mutterkatze und ihrer Babys, wenn sich alle nach kurzer Abwesenheit wiedersehen, ist grundlegend und pragmatisch: es wird geschnurrt und gepiepst, geschleckt und geschmust.

„Was ist das denn auf der Wasseroberfläche, da guckt mich ja noch eine Katze an."

mit irrwitzigen, hektischen Sprüngen schnell wieder zurück zu seinen erstaunten und erschrockenen Geschwistern stürzte. Nächstes Mal ein bisschen weiter weg und ein bisschen länger fort – dann aber wieder schnell zurück. Auch daraus wurde immer ein Spiel entwickelt, bei dem recht bald alle jungen Kätzchen mitmachten und ihren Spaß daran hatten.

An größeren Katzenwürfen lässt sich gut beobachten, wie der Erkundungsradius größer wird, während die Kätzchen ihren inneren Kompass einnorden und so ihren inneren Heimfindenavigator ausrich-

Gut zu wissen

Bei jungen Katzen geschieht das Taxieren einer fremden Umgebung und einer neuen Welt sehr vorsichtig und in konzentrischen Kreisen, die von Tag zu Tag immer größer werden. Als Mittelpunkt behalten sie den gewohnten Ruhe- und Fressplatz bei.

ten. Einer vorsichtigen Mutprobe beim Entdecken der Welt folgt immer die riesige Freude über das gelungene Zurückfinden an den sicheren Ausgangspunkt.

Traurigkeit

Vereinsamung und Eingesperrtsein, Mangel an Zuwendung durch andere, soziale Vernichtung – was wir heute Mobbing nennen – führt bei Mensch und Tier zu seelischer und körperlicher Krankheit. Auch Tiere brauchen mehr als nur Futter – sie brauchen soziale Kontakte zu anderen Tieren oder zum Menschen. Der riesige Jack hatte dies erkannt, als er begann, sich um den kleinen Jedi zu kümmern, und genauso hatte sich Leo des winzigen Katzenbabys Streicher angenommen. Durch die Nähe und Zuwendung durch den erwachsenen Roten entwickelte sich Streicher ganz hervorragend und wuchs zu einem prächtigen Tigerkater heran. Er hatte gut gelernt, ging mit Leo zusammen auf Streifzüge und auf die Jagd – beide blieben unzertrennlich.

Eines Winterabends stellten wir überrascht fest, dass Streicher allein zum „Abendappell“ und Leckerli abholen ins Haus kam, lange nachdem alle anderen Katzen längst im Warmen waren. Er wollte nicht fressen. Völlig bekümmert saß er vor dem Küchenschrank, wo er und Leo während der kühlen Jahreszeit gern oben zusammen schlummerten – umfangen von der sanft aufsteigenden Ofenwärme.

Streicher fing an, sich direkt vor unsere Füße zu setzen und kläglich zu maunzen. Dabei suchte er unseren Blick und schaute dann immer wieder zurück zur Haustür. Unser Blick folgte dem seinen: kein Leo in Sicht. Da der junge Kater sich von uns nach seiner Vorstellung immer noch nicht richtig verstanden fühlte, zog er ein weiteres Element aus seinem Signalrepertoire und begann, aufgeregt zwischen Tür und uns hin und her zu laufen. Als er damit nicht aufhören wollte, gingen wir zusammen mit ihm hinaus. Nichts zu sehen außer Schnee. Wir gingen in den Stall: alles in bester Ordnung, Ziegen und Lämmer ruhig und entspannt, keine Aufregung, nur Wärme und gemütliches Wiederkäuen.

Streicher lief schnurstracks durch den frisch gefallenen Schnee auf den großen Ziegenstall zu, blieb davor sitzen und maunzte nach oben zum Dach hin.

Da uns und auch Streicher das Ganze keine Ruhe ließ, kletterte ich mit der Leiter auf den Heuboden des Stalls. Ich rief nach Leo. Zunächst passierte nichts. Dann ein ganz schwaches Maunzen. Ich kroch durch die Heuballen bis zum Dachrand, wo ich schließlich Leo entdeckte, der sich weit in der hintersten Ecke an der Innenkante des Daches ganz verkrochen hatte. Mit Mühen zog ich ihn an Genick und Vordertatzen heraus und brachte ihn ins Haus. Streicher folgte uns aufgeregt. Leo war apathisch und hatte hohes Fieber.

Wir brachten ihn zum Tierarzt, der eine schwere Infektion diagnostizierte und Antibiotika sowie fiebersenkende Medikamente gab. Streicher wich ihm die ganze Zeit seiner Genesung über nicht von der Seite, putzte ihm die Ohren, leckte ihm die Nase, kuschelte sich an ihn, betrampelte und beschmuste ihn hingebungsvoll. Nach einer Woche war Leo wieder auf dem Damm und beide genossen ihre Streifzüge zusammen.

Die Fähigkeit, Empathie zu zeigen und weiterzugeben, hängt davon ab, ob die Gefühlszustände des Gegenübers mit dem eigenen Entschlüsselungs- und Spiegelungsprogramm abgebildet werden können. Mit dem Erfassen von Leos Zustand und dem Vermitteln dieser Botschaft an uns war Streicher dies gelungen. Umgekehrt konnten wir ohne großes Nachdenken die Gefühle des jungen Katers mitempfinden, den Ernst der Lage spüren – und handeln. Die verzweifelte Kläglichkeit, mit der uns Streicher praktisch um Hilfe angefleht hatte, war als direkte Resonanz bei uns angekommen.

Verzweiflung

Etliche Jahre später: Leo war nun schon ein älterer Bursche und genoss es, morgens in aller Ruhe auszuschlafen, während Streicher bereits seinen gewohnten Morgenausflug zur dörflichen Bushaltestelle machte, wo er den Schulkindern ein paar Happen vom Pausenproviant abknöpfen konnte. An einem strahlenden Sommermorgen ging ich wie immer auf dem Treibgang zum Melkhaus, wo zu jener Zeit nur Lilith residierte. Das Morgenmelken musste vorbereitet werden und ich erwar-

„Ein Leben ohne besten Freund ist wie ein Tag ohne Sonne."

tete Streicher jeden Moment wie üblich, fröhlich und zufrieden um die Stallecke kommend, um seinen Stammplatz an der Vormelkschale einzunehmen und dem Frühstück einen schönen warmen Schluck Ziegenmilch hinterherzuschicken. Aber nur Lilith streckte und reckte sich. Kein Streicher weit und breit.

Der Nachbar rief mich aufgelöst ans Tor – dort war das Unglück geschehen, als der Kater gerade zurück auf den Hof kommen wollte. Der grimmige Schäferhund von gegenüber hatte sich aus seinem Zwinger befreit, war über die Straße gehechtet und hatte sich den trödelnden Streicher geschnappt. Schnell begrub ich ihn auf der Apfelbaumkoppel.

Nach dem Melken ging ich zurück ins Haus, tief betrübt, dieses Flaschenkind verloren zu haben, das uns allen so sehr ans Herz gewachsen war. Leo wartete auf mich und Streicher in der Küche. Ich versuchte ihn ganz normal zu begrüßen, aber das gelang mir offenbar nicht. Leo sah mich an, beobachtete mich aufmerksam und wusste intuitiv, dass irgendetwas ganz und gar nicht in Ordnung war.

Er rannte nach draußen und von diesem Augenblick an suchte er nach Streicher – jeden Tag und alle Nächte, Woche um Woche, zuerst rufend und lockend, dann jaulend und schreiend. Mit der Zeit wurde er ernstlich krank, mager, schlaflos, unendlich traurig und verzweifelt. Nichts konnte ihn trösten. Er lief immer größere Kreise, die Nachbarn wunderten sich, denn er durchstreifte und durchsuchte auch die fremden Höfe mit ihren feindlichen Katzenbanden und gefährlichen Hunden. Nach etwa zwei Monaten gab er auf.

Unsere anderen Katzen vermissten Streicher nicht so sehr, sie waren anderweitig organisiert, pflegten unabhängige Freundschaften oder lebten ihr Einzelgängerleben in der großen Gruppe aus, so weit dies eben möglich war. Sie erkannten den bedauerlichen Zustand von Leo und nahmen sich seiner verstärkt an, aber sie konnten seinen individuellen Verlustschmerz nicht nachempfinden.

Viele Menschen haben schon die lang anhaltende Trauer ihrer Katze um einen verlorenen Katzenpartner, -bruder oder -freund und auch um einen verlorenen Menschen beobachtet und mit durchlitten. Vor ein paar Jahren noch tat man diese tiefe Emotionalität als Vermenschlichung ab – heute ist erwiesen, dass das tiefe Trauern einer Katze genauso real und messbar ist, wie jede Trauer, die wir selbst erleiden.

Es ist ein traumatisches Erleben von elementarem Verlust, das je nach Sensibilität des Tieres weit über ein Jahr andauern kann. Während dieser Periode wird in der Regel auch ein schnell herbeigeschaffter Ersatz abgelehnt, sogar ihm mit Abscheu und Hass begegnet. Dies berichtet man auch von Zootigern und -löwen, wo es sogar wegen mangelnder Ausweichmöglichkeiten dazu führen kann, dass der neue, verhasste Partner getötet wird.

Überraschung und Neugier

Traurig fing Leo schließlich wieder sein gewohntes Katerleben an, er wurde fitter, aber nicht fröhlicher. Immer, wenn ich ihn ansah, stieg auch in mir die Traurigkeit hoch, Streicher verloren zu haben. In den beiden Jahren seiner Trauer schien Leo zusehends zu altern. Die Rettung war Pongo.

Katzen können dicke Freunde sein. Solche „Pärchen" findet man immer beieinander, sie machen fast alles gemeinsam und scheinen auf eine unerklärliche Art miteinander verbunden zu sein.

Pongo

Pfingstsonntag klingelte ganz früh vor dem Melken das Telefon. Eine mir unbekannte Frau fragte nach, ob denn dieser graugetigerte Kater Pongo von unserem Hof stamme? Ein verwahrlostes Tier, jetzt obdachlos, da man den Bretterverschlag, in dem er sich aufgehalten habe, abgerissen hätte. Ich kannte das Dorf und traute meinen Ohren nicht. Wir hatten den kleinen Pongo an die Familie eines Bekannten in jenem Dorf gegeben, die ihn ganz unbedingt haben wollte. Und nun das! Die fremde Frau wollte das Tier einfangen und zu uns zurückbringen.

Gesagt, getan, gleich nach dem Melken stand sie da mit einer Bananenkiste, aus der es jämmerlich krächzte und erheblich stank. Wir verfrachteten die Kiste samt Inhalt zunächst in einen Holzschuppen, öffneten sie dann vorsichtig und fanden darin den verfilzen, verlausten, verflohten, mageren, wasserbäuchigen Kater Pongo wieder, den wir der scheinbar hingebungsvoll begeisterten Katzenliebhaberfamilie geschenkt hatten ...

Nachdem erste Ängste überwunden und eine leichte Vertrauensbasis zu uns Menschen wieder hergestellt waren, ließen wir den Kater ins Freie auf den Hof. Er schien sich zwar vage an uns, unseren Geruch und unsere Stimmen zu erinnern und grundsätzlich zurechtzufinden, war aber so verstört, dass er meistens in der Sicherheitszone seines Schuppens blieb. Bis er auf seinen Bruder Leo traf.

Beide Kater stutzten und musterten sich taxierend eine ganze Weile lang, voller Überraschung. Dann machte Leo den ersten Schritt und näherte sich mit aufgerecktem Schwanz freudig gurrend dem Häufchen Elend. Alle paar Schritte machte er Halt und setzte sich abwartend ins Gras. Pongo spiegelte die Zeichen der Neugier und Freundlichkeit. Schließlich ging er Leo sehr, sehr langsam, vorsichtig und zögernd entgegen.

Als sich die beiden Kater direkt gegenüber standen, fing das gegenseitige Beschnuppern an. Und plötzlich quietschte Leo verblüfft auf! Er umrundete seinen längst verloren geglaubten Bruder ganz hektisch und schnell, leckte ihm im Vorüberlaufen über die Ohren, schnurrte laut und war vor lauter Freude und Überraschung geradezu außer sich. Das übertrug sich sofort auf Pongo. Er machte mit bei dem Begrüßungstanz und fing ebenso laut zu schnurren an. Im Nu waren die beiden ein Herz und eine Seele.

Viele Katzenfreunde durften Enthusiasmus bei freudigen Überraschungen schon miterleben. Plötzliches Auftauchen geliebter Mitmenschen oder -tiere, unerwartete Zuwendungen, jede noch so kleine überraschende Wonne kann bei der Katze wahre Begeisterungsstürme und wilde Freude auslösen, die wir erkennen und die sich auf uns überträgt.

Leo und Pongo waren vom Moment des Wiedererkennens an unzertrennlich. Alle Unternehmungen, jedes Schläfchen zwischendrin, die Lieblingsplätze und auch das Betteln, Jagen und Toben erledigten sie wie Synchrontänzer. Beide lehnten zunächst unisono auch den neuen kleinen Kater Jedi auf dem Hof ab. Sie begutachteten nicht nur das kleine Wesen gemeinsam sehr skeptisch, sondern sie suchten dabei auch dauernd Blickkontakt zueinander, um zu sehen, wie der jeweils andere dieses Wesen nun wohl einschätzte.

Fremdes und Unbekanntes

Neuheiten und Überraschungen lösen bei allen Wesen zuallererst eine grundsätzliche Verunsicherung aus. Die Angst vor dem Unbekannten ist für alle Lebewesen universell, denn sie ist ein wesentlicher Schutz, der das Überleben sichern kann. Neugier auf das Unbekannte dient der Überlebensfähigkeit jedoch in gleicher Weise! Wenn die Tiere selber darüber bestimmen können, auf welche Art und in

Gut zu wissen

Bei allen Veränderungen, die wir im Lebensumfeld einer Katze vornehmen, ist es am wichtigsten, das Tier in Ruhe die Neuheit alleine erkunden zu lassen. Das gilt für neue Gegenstände im Revier, in der Wohnung, bei Freigängern auch draußen, und für neue Wesen, die plötzlich dazukommen.

Erstmal beobachten und genau hinschauen: „Ist das gut? Oder gefährlich? Oder spannend?“

welchem Tempo sie sich einer Neuheit zuwenden können, siegt bei allen die Neugier.

Wird die Katze auf irgendeine Weise dazu gezwungen, sich mit der Neuheit direkt zu konfrontieren, siegt immer die Verunsicherung, die schnell in Furcht und Panik und als Folge davon auch in Aggression umschlagen kann.

Spannung und Lockerung

Einer Überraschung folgt der natürliche Ablauf von Neugier, Interesse und Erwartung. Dies wird in der Neurobiologie als Streben oder Antrieb (seeking) zusammengefasst. Es ist eine uralte Basishirnfunktion, die bei Spannung einem Erregungsprogramm mit einem rundum positiven Gefühl durch die Ausschüttung von Glückshormonen gleichzusetzen ist.

Es entspricht der Begeisterung aller Jäger für die Jagd als solcher – ohne sichere Beute vor Augen und notfalls auch ohne Erfolg. Katzen, die ultimativen domestizierten Raubtiere, sind absolut begeistert von der Jagd, auch wenn sie pappsatt sind oder die Jagdbeute nachher ungenießbar ist. Genauso wie wir es lieben, auf Pirsch über die Flohmärkte zu streifen oder mit der Angel am Fluss zu stehen, aus purer Lust an der Suche und um des Strebens willen. Denn das Streben, die Neugier und die Freude an Überraschungen – all das sind Stimuli, die

Gefährliches Spielzeug

An diese Stelle muss unbedingt davor gewarnt werden, Laserpointer als „Katzenspaß" einzusetzen. Tatsächlich wird sich Ihre Katze sofort auf den kleinen roten Punkt stürzen – absurderweise gibt es ihn sogar in Form eines Mäuseumrisses. Sie wird alle ihre kätzischen Schaltkreise auf eine wilde Jagd ausrichten. Doch sie kann den huschenden Punkt niemals fangen. Das bedeutet, dass sich die immer stärker werdende Anspannung bei der Katze nicht lösen kann und sie sich bis zur Gesundheitsschädigung verausgabt. Selbst eine normale und an freie Jagd gewöhnte Katze lässt sich mit einem solch gefährlichen Instrument zum Kollabieren bringen.

Industriell angefertigtes Katzenspielzeug sieht für Menschen niedlich und ansprechend aus, es besteht aber häufig aus fragwürdigen Materialien. Es soll den Hersteller reich machen, für die Katze kann es tückisch und riskant sein.

„Bist du Freund oder willst du mich hauen?"

das Überleben seit Urzeiten für uns alle erst möglich gemacht haben und deshalb von den entsprechenden Botenstoffen im Gehirn bei allen Lebewesen angenehm verstärkt und belohnt werden. So machen die Jagdspiele auch allen unseren Hausraubtieren am meisten Spaß, bringen die größte Begeisterung und bieten eine Fülle heiß ersehnter Überraschungsmomente.

Erkunden Schritt für Schritt

Wenn ihre Menschen sie in selbstbestimmten Abläufen und Zeitfenstern mit der Überraschung agieren lassen, wird die Katze also alle Stadien des Strebens und Wissenwollens durchlaufen. Zunächst verharrt sie in einer Furchthaltung, um abzuschätzen, ob das unbekannte Wesen, sei es ein neuer Mülleimer oder das neue kleine Kätzchen, eine Bedrohung darstellt, angreift und gefährlich ist.

Passiert eine Weile lang nichts dergleichen, wird sie sich ganz langsam, mit Pausen des reglosen Verharrens und körperlichen Abwehrsignalen wie Schwanzspitzenschlagen, gesträubtem Fell, Augenschlitzen und zurückgelegten Ohrmuscheln der Überraschung annähren: die Neugier hat gesiegt!

Geschieht immer noch nichts Alarmierendes, traut sie sich näher heran. Sie ist jetzt interessiert, die Angelegenheit wird als spannend bewertet. Nun wird sie langsam eine Tatze nach vorne ausstrecken und vor dem neuen Objekt in die Luft halten. Sie erwartet irgendeine Reaktion. Fall Eins: Der neue Mülleimer wird nichts tun, woraufhin Ihre Katze sofort total entspannt und um ihn herumläuft, ihn beschnuppert und genau untersucht.

Das schwarze Kätzchen wird von der ausgestreckten Tatze leicht und vorsichtig berührt. Nun kann es sich ein wenig entspannen, denn es findet kein unmittelbarer Angriff statt. Das ist bei den Großen nicht anders.

Fall Zwei: Das neue kleine Kätzchen hat die vorausgehenden Aktionen der Katze voller Aufmerksamkeit beobachtet und gespiegelt. Es ist nicht verängstigt oder panisch, weil sich die fremde große Katze ja nicht sofort feindlich auf es draufgestürzt hat. Aber es ist unsicher und extrem vorsichtig, bereit dazu, jeden Moment schnell wegzurennen und sich in Sicherheit zu bringen. Jetzt wird vor seinem Gesicht die Katzentatze ausgestreckt und es weicht ein wenig zurück, macht sich ganz klein, legt den Kopf schief zur Seite und zieht den Schwanz ein. Die große Katze weiß intuitiv: hier kommt keine Gefahr auf mich zu.

Sie wird offensiver und geht näher auf das Kätzchen zu. Dieses beobachtet die Angelegenheit ganz gespannt und versucht, alle nun folgenden Aktionen verstehend zu spiegeln und sich ihnen anzupassen. Wird es angefaucht, faucht es ein bisschen zurück.

Ist das Kätzchen noch sehr jung, begibt es sich nun in eine Unterwerfungshaltung und rollt sich auf den Rücken. Hat es schon mehr Mut und Vertrauen ins Leben gefasst, wird es das Tatzenheben und die sanfte Berührung in vollkommener Resonanz nachahmen. Passiert immer noch nichts Bedrohliches, dann folgt das gegenseitige Beschnupperungskennenlernen. Das Kätzchen wird dabei anfangen zu Schnurren und signalisiert damit seinen guten Willen und seine begrüßende Friedlichkeit. Die erwachsene Katze ist zufrieden, keinen fremden Feind vorgefunden zu haben. Sie setzt sich in nächster Nähe gemütlich hin und fängt an, sich in aller Seelenruhe zu putzen.

Zorro

Neugier als unvermeidlicher Teil des Überlebenswillens kommt bei allen Wesen gleich stark vor, kann bei übervorsichtigen Naturen aber zu ungewollter Komik führen. Unser eher tollpatschiger Kater Zorro, der schon in seiner kindlichen und jugendlichen Entwicklung extrem langsam war und noch bis zum Alter von einem Jahr ganz eng mit seiner Mutter Leelou zusammenlebte, besaß einen ausgesprochen furchtsamen Charakter.

Bei allen Aktionen, zu denen ihn seine instinktive Neugier antrieb, war er grundsätzlich dermaßen angespannt, dass seine sonstigen Sinne nur noch auf Schmalspur liefen. Einige unserer Gäste, die ihn ein paar Mal bei seinem Treiben beobachtet hatten, nannten ihn deshalb „Buster Keaton". Zorro zerriss sich praktisch zwischen dem Streben und Wissenwollen und seiner übertriebenen Vorsicht. Wollte er etwas erkunden, wofür er einen Balken oder Ast entlang balancieren musste, brachte ihn sein gleichzeitiges nach vorne Wollen und Zurückweichen ins Schwanken und Straucheln. Hatte er ein überraschendes Objekt auf dem Hof ausgemacht, das er gerne näher betrachten wollte, schob er seinen Kopf aus dem Katzenloch der Stalltür immer wieder heraus und schnell wieder hinein.

Gab es etwas Unbekanntes auf dem Melkstand, sprang er hurtig hinauf und wieder herunter – einen einzigen kurzen Blick über die Schulter riskierend, der natürlich nicht dazu ausreichte, die Neugier wirklich zu befriedigen und zu einem Urteil zu gelangen.

Zorro war von Überraschungen und Neugier genauso hingerissen wie alle unsere anderen Katzen, aber nicht in der Lage, das ausgelöste Erregungsprogramm mit Ruhe und Gelassenheit zu Ende zu führen. Er verlor praktisch umgehend sein inneres und manchmal auch äußeres Gleichgewicht. So endeten seine Unternehmungen meistens in Frustration und Erschöpfung – ohne abschließendes Ergebnis. Für sein furchtsames Nervenkostüm stellten die meisten Überraschungen quasi einen selbst generierten Laserpointer dar. Im Reigen der Evolution hätte sein Konzept keine großen Entwicklungschancen gehabt. Zorro entschied sich daher, Neues einfach offen zu verabscheuen. Damit konnte er nichts falsch machen. Die anderen Katzen, die ihn dabei spiegelten, müssen sich irgendwie darüber gewundert haben. Denn sie gingen meistens dazu über, die scheinbar abscheuliche Überraschung lieber doch mal selber zu untersuchen …

Abscheu und Ekel

Das typische Ekelgesicht bei der Katze. Igittigitt – Augenbrauen hoch, Nase kraus, Lippen breitgezogen und Zähne gebleckt.

Diese Empfindungen sind bei allen Lebewesen stark mit Geruch und emotionalen Erfahrungen, die als Intuition abgebildet wurden, gekoppelt. Bei jeder Katze werden die Gerüche von Gartenraute oder verwesendem Fleisch beispielsweise Ekelgefühle hervorrufen. Sie schnuppert, zieht zunächst die Lippen zusammen, weicht zurück und schüttelt eine Vordertatze aus, legt sich in sicherer Entfernung auf die Seite und zieht die Mundwinkel zurück, um zwei Reihen beinahe zusammengebissener Zähne zu zeigen.

Beim Weggehen vom ekelerregenden Objekt schaut sich die Katze noch ein paar Mal entrüstet um. Wird dieses Verhalten von einer anderen Katze beobachtet, imitiert sie diese Signale des Widerwillens in kompletter Resonanz – selbst wenn sie die Raute oder die tote Maus aus der Distanz gar nicht riechen kann.

Die Ausnahme bildete eben unser Zorro, dessen aus der Unsicherheit geborenen Abscheusignalen alle anderen Katzen aus der langjährigen Erfahrung heraus nicht mehr über den Weg trauten ... Hier gab es ein echtes spiegelneuronales Missverständnis – in diesem Fall sogar innerhalb derselben Art.

Bei uns Menschen sind das Ekelempfinden und die Resonanz darauf ebenfalls stark ausgeprägt. Beobachten wir eine diesbezüglich intensive Reaktion bei einem Mitmenschen, können wir gar nicht anders, als dies mimisch direkt und unverzüglich zu spiegeln, selbst wenn wir mit der ekligen Sache gar nicht konfrontiert sind. Es ist dies eine sehr starke spiegelneuronale Resonanz – ein unmittelbares Mitempfinden der gefühlsmäßigen Verfassung unseres Gegenübers. Ekel steckt genauso direkt an wie Freude oder Ärger.

Ekel wird meist vor etwas Ungenießbarem empfunden, er ist der direkte Gefahrenwarner und Lebensretter vor schädlichen oder giftigen Nahrungsmitteln. So spiegelt das Ekelgefühl rein physische Befindlichkeiten der inneren Organe und keine motorischen oder sensiblen Dimensionen auf der Simulationsebene.

Widerwille ist übertragbar

Linke Seite: „Wow! Wieder so ein rasender Lagarto! Her damit! Wenn er bloß nicht so eklig schmecken würde ..."

Bei lebenden Beutetieren, die die Katzen zunächst begeistert erlegt und gefressen, dann aber deren Unbekömmlichkeit festgestellt haben, bleibt der Ekel meistens lebenslang erhalten. Bei unseren diversen Katzenwürfen wagte sich regelmäßig ein Kätzchen während der Phase des Jagenlernens an eine Kröte oder eine Spitzmaus. Die anderen Kleinen schauten interessiert zu – auch wenn unser Erfolgsjäger anfing, sich fürchterlich zu erbrechen und das erbeutete Tier auszuwürgen. Schon das Schnuppern an den wieder ans Tageslicht geförderten Resten reichte, um alle anderen vor dieser Art Beute für immer zu warnen.

Nach unserem Umzug nach La Palma mussten unsere mitgebrachten Katzen diese Erfahrung neu machen. Als Beute bieten sich hier flinke Eidechsen, die Lagartos, dazu Wände hoch rasende Geckos, riesige Stabheuschrecken und merkwürdige, springende kleine Baumratten an. Den Katzen machte es absoluten Spaß, diese Tiere zu jagen, mit hoher Adrenalinausschüttung – bis der Katzenmagen die Opfer blitzschnell wieder von sich gab.

Überraschenderweise erfolgte die entsprechende Ekel-Spiegelung nicht sofort, so wie bei den kleinen Kätzchen. Unsere Jäger waren alle schon ausgewachsene Raubtiere. Und so bestand ihr inneres, erlerntes und jahrelang erprobtes Beuteschema felsenfest weiter, mit der Konsequenz, dass das hier jagdbare Wild auch in dieses Schema passe und essbar sei, eben wie ehemals die leckeren Mäuse, Flatterinsekten und Eidechsen, die in der vorherigen Heimat keine widerlichen Drachen waren.

Jede unserer Katzen musste erst ein paar Mal üble Erfahrungen mit den neuen Beutetieren machen, bevor sich ihre Handlungsabläufe modifizieren konnten. Inzwischen werden die neuen palmerischen Opfer zwar immer noch gern gejagt, aber nicht mehr unseziert gefressen.

Ekel ist auch individuell

In der Anschauung wird Ekelempfinden zwar spontan gespiegelt und findet seinen direkten Ausdruck in körperlicher Signalresonanz. Es muss aber nicht in jedem Fall auch beim eigenen Erleben so empfunden werden. Ekel und Abscheu werden, anders als die anderen Emotionen, durchaus bei jedem Einzelnen unterschiedlich aktiviert.

Die Objekte, die Ekel und Abscheu bei Katzen hervorrufen, können recht individuell sein, so wie bei uns auch. Es gibt Katzen, die sich vor großen Spinnen ekeln, während die daneben sitzende Mitkatze sie mit einem Happs verschlingt. In unseren umfangreichen Katzengruppen gab es immer ein oder zwei Tiere, die sich vor Nassfutter aus der Dose, das von allen anderen frenetisch begrüßt und gierig verschlungen

Gut zu wissen

Abscheu ist abgeschwächter Ekel, eine emotionale Empfindung, die zwar auch organisch und auf das körperliche Befinden ausgerichtet ist, sich aber nicht ausschließlich auf die Genießbarkeit von Nahrung bezieht.

wurde, absolut geekelt haben. Alle Wesen gleichermaßen empfinden jedoch Ekel vor dem intensiven Geruch von vergossenem Blut. So machten alle unsere Katzen immer einen sehr großen Bogen um die Schlachtküche, wenn dort einmal im Jahr gearbeitet wurde.

Die meisten unserer Katzen verabscheuten es, auf unserem Hof eine Wegstrecke gezwungenermaßen durch den Schlamm zu laufen, nachdem es tagelang geregnet hatte. Sie vollführten dann akrobatische Sprünge und halsbrecherische Ausweichmanöver über Zaunpfosten und Schubkarren, nur um dieser widerlichen Sache auszuweichen. Aber auch hier zeigte sich Individualität, Jack und Jedi trotteten ganz cool mitten durch, um sich im Anschluss stundenlang zu putzen.

Hier am Äquator bestaunen unsere mitgebrachten und früher von winterlichen Regengüssen leidgeprüften Katzen in solidarischer Wasserscheu und mit zurückgezogenen Mundwinkeln die „sonderbare" Verhaltensweise einiger Nachbarkatzen. Diese setzen sich während der hochsommerlichen, drückend heißen Levante-Wetterlagen auch gerne mal unter den heimischen Wassersprenger, um sich genießerisch abkühlen zu lassen. Andere Länder, andere Sitten ...

Unsauberkeit

Grundsätzlich verabscheuen Katzen Unsauberkeit bei sich selbst und auch bei anderen Katzen. Daher sollten Stubenkatzen unbedingt immer ein sauberes Klo haben. Demonstriert nämlich die erste Katze mit sämtlichen zur Verfügung stehenden Körpersignalen eine tiefe Abscheu vor dem entsprechenden Ort, wird die nächste dies registrieren und lang anhaltend spiegeln. Die Folge ist, dass sich Ihre Katzen lieber neben dem Klo oder in der Zimmerecke erleichtern. Schlimmstenfalls werden sie sich dieses unerwünschte Verhalten angewöhnen, mit den entsprechenden Folgen für Ihre Wohnung.

Freigängerkatzen können an unterschiedlichen, sauberen Stellen einen passenden Ort für ihre Verrichtung buddeln, um ihn dann abschließend wieder sorgsam zuzuscharren. Nur freilebende, superdominante Kater

An einer äußerlich unverletzten Katze können Sie erkennen, dass etwas ganz und gar nicht in Ordnung ist, wenn sie verschmutzt und unsauber ist. Die Abscheu vor eigener Unsauberkeit ist bei Katzen so groß, dass sie schon von ganz klein an eine überwältigende Menge ihrer wachen Zeit mit Fellpflege verbringen.

platzieren als geruchliche Reviermarkierung ihre Geschäfte oben auf dem Maulwurfshügel, damit alle anderen Katzen genau über sie Bescheid wissen. Und natürlich die häuslichen „Protestpinkler", aber das hat nichts mit Abscheu oder Ekel, sondern mit Dominanz und Durchsetzungswillen zu tun.

Eine unsaubere Katze ist eine kranke Katze. Sie hat ein Problem. Als unser erster Kater Carlos, mit einem halben Jahr bereits sehr frühreif und noch nicht kastriert, in seinen ersten mächtigen Katerkampf verwickelt wurde und fürchterliche Blessuren erlitt, war er körperlich und moralisch dermaßen am Boden, dass er sich einige Tage lang nicht mehr reinlich hielt und regelrecht verdreckte. Da konnte es sein Hundefreund Atze nicht mehr zusammen mit ihm im Körbchen aushalten und putzte ihn mit viel Engagement sauber.

Wie sieht die Katze ihre Menschen?

„Der Umstand, dass Tiere Spiegelneuronen besitzen, (legt) den Gedanken nahe, dass sie zumindest irgendeine Form der Ethik besitzen – eine Vermutung, die die Forschung bestätigt hat."

Christian Keysers, „Unser Empathisches Gehirn", 2013

Die Katzenmutter macht aus ihren kleinen Kätzchen Schritt für Schritt selbstständig jagende Raubtiere. Das ist aber nichts, was die Katze uns vermitteln will, sie sieht nicht ihre Jungen in uns.

Manche meinen, die Katze betrachte uns als eine Art Junges, das selbst noch nicht jagen kann, denn sie bringt gerne erlegte Beutetiere zu den Menschen. Dann aber würde sie alles dransetzen, uns auch das Jagen beizubringen. Doch das tut sie nicht. Sie wird sich von uns auch eine noch lebende Beute auf keinen Fall wegnehmen lassen, ihre Jungen gerade dazu aber animieren.

Sind wir für sie Babyersatz?

Alle unsere Mutterkatzen, von Leelou über Lilith bis zu Simba, haben ganz offenkundig ein bestimmtes pädagogisches Konzept ihren Kindern gegenüber verfolgt: das Vermitteln der Jagdkunst. Am Anfang wurden kleinste Beutetiere wie junge Mäuse oder frisch geschlüpfte Vogeljunge zu den Kätzchen gebracht und schnell und direkt vor ihren Augen getötet. Dann durften sich die Kleinen diese tote Beute anschauen. Die Katzenmutter warf das leblose Opfer noch ein paar Mal in die Luft, die Kleinen imitierten sie, und am Schluss wurde gemeinsam die Beute gefressen.

Schritt Zwei bestand im Mitbringen der gleichen Kleinbeute, aber noch schwach am Leben, sodass die Katzenkinder schon einen Handlungsablauf dazu erlernen konnten. Danach brachten die Mütter die immer noch handliche Beute quicklebendig mit und sie beobachteten wie ein Schiedsrichter, ob ihre Kleinen alles richtig machten. Notfalls griffen die Mütter ein, wenn das Beutetier zu entkommen drohte.

Waren alle diese Abläufe von den Jungen verinnerlicht und intuitiv verfügbar, brachten die Mutterkatzen größere, schnellere und stärkere Beutetiere. Schließlich nahmen sie die Kleinen mit hinaus auf die Pirsch. Sie lernten Auflauern, Ansitzen, Losspringen, Entfernung einschätzen, Fangen, Erbeuten und Töten.

Sind wir Muttterersatz?

Manche Menschen meinen, weil die Katze uns mit ihren Vordertatzen wie ein kleines Kätzchen beknetet und mit katzenkindlicher Stimme zu uns spricht, betrachte sie uns als Ersatzmutter. Wenn wir unserer Katze aber „mütterlich“ die Ohren ausputzen wollen, was jedes Katzenkind, zwar ungern, aber widerstandslos über sich ergehen lassen würde, erleben wir einen empörten Stubentiger, der uns gegenüber in dieser Situation auch sehr wehrhaft sein kann.

Jack war wie aus dem Nichts aufgetaucht, hatte die Gesamtsituation und die dazugehörigen Wesen begutachtet und ist einfach für immer geblieben. Und sofort führte er seine eigenen Spielregeln ein …

Die Katzenmütter können mit ihren Jungen beinahe alles machen. Sie belecken sie mit ihrer rauen Raspelzunge an jeder Stelle des Körpers, sortieren sie oft auch unsanft im Körbchen um. Sie geben den Kleinen Ohrfeigen, wenn die sich zu viele Frechheiten heraus nehmen. Sie fauchen sie laut und wütend an, wenn sie sich von den Jungen genervt fühlen und ihre Ruhe haben wollen oder halten sie mit dem Maul an der Gurgel fest, um sie zu disziplinieren. Und die Katzenkinder quittieren all dies mit kindlicher Liebe, Duldsamkeit und Ergebung. Das ist auch nichts, was sich unsere Katze so einfach von uns gefallen lassen würde. Wir sind nicht ihre Katzenmutter.

Gottmenschen und Menschenteufel

Der Mensch ist für die Katze ein rätselhaftes, unbekanntes Wesen mit überwältigenden Fähigkeiten, unfassbar großer Macht und meistenteils unbegreiflichem Verhalten. Die Katze respektiert und genießt das, zumindest was die gemeinsam entwickelten Traditionen und Rituale im Hinblick auf Wohlergehen und Zuwendung, den Nachschub von Futter sowie Spiel und Spaß betrifft.

Sie wird sich der menschlichen Übermacht aber von Fall zu Fall entziehen, und zwar wenn die Wünsche und Zielsetzungen nicht mehr übereinstimmen. Dies ist der Jahrtausende alten und totalen Freiwilligkeit ihres Zusammenlebens mit dem Menschen zu schulden. Der individuelle Rückzug einer Katze kann bis zum unwiderruflichen Weggang von den jeweiligen Menschen und von dem bislang vertrauten Lebensumfeld führen.

Wir haben das bei Jack, Pongo und Gupta erlebt, die radikal und mutig ein Dasein am Existenzrand, ohne Netz und doppelten Boden, dem Bleiben bei ungeliebten oder gefürchteten Menschen vorgezogen hatten. Sie waren freiwillig ins Exil und damit das Risiko eingegangen, zu verhungern, bloß um wegzukommen von schrecklichen Leuten.

Uns neuen Menschen haben sie sich dann allerdings genauso entschlossen anvertraut, nachdem ihnen ihre Intuition grünes Licht gege-

Jack

Nachdem er bei uns eingezogen war und im Melkhaus residierte, erfand unser Kater Jack ein morgendliches Ritual. Sicher wäre es zu weit gegriffen, würden wir behaupten, er habe bewusst „gelogen", um uns fröhlich zu stimmen. Aber mit Sicherheit hat er uns jeden Morgen etwas vorgespielt, was nicht den Tatsachen entsprach.

Seine Idee war einfach, aber genial: „Jeden Morgen wenn sie zum Melken kommen, finden mich meine Menschen schlafend im Körbchen, im Winter auf dem Melkstand oder im Sommer auf der Bank davor. Ich wache auf, gähne ausgiebig und mache die kurze Morgenstreckgymnastik, als wäre ich just aus dem Tiefschlaf geweckt worden. Ich grinse meine Leute erwartungsvoll an, sie freuen sich, dass ich immer noch da bin und schenken mir ein paar Leckerlies."

So weit, so gut. Das hat auch immer geklappt. Als er damit anfing, war es Sommer. Was würde er im Winter machen? Kaum war der erste Schnee gefallen, sahen wir es. Verräterische dicke Jack-Tatzenspuren, raus aus der Katzenklappe des Melkhauses, über die Koppel, auf dem langen Treibgang bis zu unserem Wohnhaus und zurück ins Melkhaus. Sein Fell glitzerte noch von getautem Schnee, als wir zum Melken kamen und ihn „aufwecken" durften.

ben hatte. Viele Katzenmenschen berichten, dass sich zugelaufene Schnurrer ganz unverhofft und plötzlich für ein Zusammenleben in ihrem Heim entschlossen hätten.

Ägerkatzen und Katzentheater

Katzen wissen sehr genau, wenn wir etwas an ihrem Verhalten falsch finden und was uns ärgert. Sei es, dass sie demonstrativ mitten auf dem verbotenen Esstisch herumlümmeln, während wir anstrengende Telefonate führen, oder sich quer über die Computertastatur drapieren, während wir am Arbeiten sind.

Gerne setzen sie dieses Verhalten als Signal ein, wenn sie sich vernachlässigt fühlen und unsere Aufmerksamkeit wollen. Sie transportie-

Ein gegenseitiger Blick in die Augen genügt. Die Katze kennt die gemeinsamen Traditionen zwischen ihren Menschen und sich selbst, und sie kann damit den erwünschten Spiegelungseffekt auslösen: „Ach, du arme Katze!"

ren ihre üble Laune per Gefühlsansteckung auf uns. Da Katzen unglaublich viel mehr Geduld als wir haben und Nerven wie breite Bandnudeln, ziehen wir bei diesen emotionalen Kraftproben oft den Kürzeren. Wir kapitulieren vor ihrem Willen und profitieren doch meistens von dieser unfreiwilligen Unterbrechung!

Eine kleine Spiel- oder Streichelrunde mit unserem Schnurrer kann sich durchaus positiv auf unser Tun auswirken. Genauso gut wissen Katzen, was uns Freude bereitet. Sie haben schließlich aus unseren positiven und negativen Reaktionen alle unsere entsprechenden Signale gelernt. Sie wissen, wie es geht und was sie dafür machen müssen, um gute Stimmung bei uns zu erzeugen.

Ein Verhalten, wie es Jack an den Tag legte, setzt Intelligenz und die Reflektion des Gegenübers voraus. Das Mitempfinden positiver und negativer Gefühle gibt allen Lebewesen die Sicherheit, zu einer Gruppe zu gehören und mit den anderen unmittelbar verbunden zu sein. Es erzeugt ein Urvertrauen in die Lebensumgebung, ohne das jedes Wesen nicht existieren könnte, ob Mensch oder Tier. Und es funktioniert mit uns und unseren domestizierten, befreundeten Arten eben auch, zumindest streckenweise.

Da die Katzen sehr schnell intuitiv abrufen können, welche Knöpfe sie bei welchem ihrer Menschen drücken müssen, setzen sie dieses

Resonanz erzeugende Verhalten auch schamlos immer wieder ein. Hat eine Katze mehrere Bezugspersonen, dann wird sie einem später nach Hause Kommenden gerne vormachen, dass sie leider von dem anderen Menschen überhaupt noch nicht gefüttert worden sei und auch noch keine Streicheleinheiten, Zuwendung oder Leckerlies bekommen habe. Sie begibt sich in das Aufmerksamkeitszentrum des Heimkehrers, fängt an zu maunzen und zu jammern, sprintet aufgelöst von rechts nach links vor ihm her und mit ihm mit, auf den Stuhl, den Schrank, den Tisch, scheint vollkommen vernachlässigt und halb verhungert zu sein.

Kulturelle Übertragung zwischen sozialen Hirnen

Voraussetzung für den menschlichen, komplexen grammatikalischen und syntaktischen Informations- und Wissensaustausch ist das handlungsbezogene Spiegelneuronensystem des Gehirns. Die Tiere weisen dies ebenfalls auf. Lernen durch Beobachtung und spontane Nachahmung funktioniert seit vielen Millionen Jahren und hat sich als evolutionärer Vorteil für alle Lebewesen durchgesetzt. Spiegelneuronales und damit zielorientiertes Lernen bedeutet, dass unsere Hirne sozial sind, innerhalb der Arten und über die Artgrenzen hinweg. Die unterschiedlichen Tierarten innerhalb eines Lebensraums sind in vielerlei Hinsicht voneinander abhängig. Warnrufe oder andere Signale der Mitlebewesen im gemeinsamen Umfeld deuten zu können, kann das eigene Überleben sichern.

Bei Menschen wird dieses Phänomen „kulturelle Übertragung" genannt. Und damit sind wir bei der für uns Menschen typischen vermessenen Vorstellung, innerhalb der Schöpfung den anderen Lebewesen scheinbar überlegen zu sein. Denn Kultur schreiben wir ja vorwiegend nur uns selber zu, nicht aber den Tieren, obwohl sie über entsprechende und teilweise durchaus sogar erweiterte Simulationsmechanismen verfügen.

Entscheidend ist immer der gemeinsame Bedeutungsraum. Das heißt, es muss zuerst einmal gegenseitiges Vertrauen aufgebaut werden. Dazu ist es nötig, die jeweiligen Zeichen wie Gestik, Mimik und andere Körpersignale gegenseitig erkennen und ihre Bedeutung deuten zu können, um die seelische Verfassung des Gegenübers richtig nachzuempfinden. Daraus erweitert sich das Mitfühlen zwischen Tieren und Menschen auf einen größtmöglichen gemeinsamen „Kulturkreis".

Buckel und eingeklemmter Schwanz? Bei der Katze sieht man dies, wenn sie sich streckt – ganz entspannt und kein bisschen ängstlich.

Missverständnisse

Man kann nur spiegeln, was man selber tun kann, sonst kommt es zu Missverständnissen. Das Problem, spiegelneuronale Fehler zu machen, besteht nicht nur zwischen unterschiedlichen Arten, es ist ebenso ein sozio-kulturelles Phänomen im zwischenmenschlichen Bereich. Vor allem wo es um die Übermittlung von Emotionen zwischen uns Menschen geht, ist auch unsere Sprache anfällig für Fehlinterpretation.

Mimik, Gestik, Blickkontakt und Stimmmodulation gemeinsam mit dem Sinn des gesprochenen Wortes bieten in der Kombination allerdings die größte Garantie für ein echtes Verstehen. Das gemeinsame Gespräch ist besser als ein Telefonat, bei dem die optischen Signale entfallen. Ein Telefonat ist immer noch besser als ein handgeschriebener Brief, der zwar ohne Gestik, Optik und stimmliche Modulation auskommt, aber über die Handschrift noch emotionale Bewegung transportieren kann. Am unteren Rande der emotionalen Verständigung stehen dann E-Mail und SMS. Bei ihnen entstehen Missverständnisse am ehesten, denn ihnen fehlt alles Persönliche. Deshalb hängt man ihnen Emoticons an, welche auf allereinfachste Weise Gefühlsregungen ausdrücken sollen. Wir erwarten von unseren Computern, dass sie unsere spiegelneuronalen Vorgänge transportieren, aber das können sie nicht, sie haben keine Emotionen.

Weitere spiegelneuronale Fehlresonanzen sind unseren unterschiedlichen Lebensumfeldern zuzurechnen. Wir brauchen nur das Kopfschütteln der Bulgaren oder Inder betrachten, das in ihren Kulturkreisen Bejahung bedeutet. Um mit der Lebenssituation und dem Gegenüber entsprechend richtig umgehen und dessen Informationen auf eine passende Weise verarbeiten zu können, ist es notwenig, unser intuitives Empfinden durch Lernen und Begreifen zu korrigieren. Und genauso müssen wir im Umgang mit Tieren und bei der Resonanz ihrer Gefühlsausdrücke unsere menschlichen Wahrnehmungsverzerrungen berücksichtigen.

Alle spiegelnden Wesen besitzen Empathie

Anderen Lebewesen Mitgefühl oder gar ethisch motiviertes Handeln zuzuschreiben, wurde als vermenschlichender Denkfehler betrachtet. Es wird aber immer mehr klar, dass alle Gruppentiere einzelne Individuen ihrer Gruppe erkennen, sich an sie erinnern und Mitgefühl mit ihnen haben. Das weiß man inzwischen von Ratten und Affen, Delphinen, Fledermäusen, Elefanten und den Katzen.

Sie wollen nicht, dass andere aus ihrer Gruppe gequält werden, sie retten in extremen Fällen auch deren Leben, sogar wenn die bedrohliche Situation für sie selbst ebenso gefährlich ist. Beobachtet und dokumentiert wurde ein trauriges Ereignis, bei dem von einem Paar wildlebender Streunerkatzen die eine von einem einparkenden Auto am Straßenrand angefahren und lebensgefährlich verletzt wurde. Die verletzte Katze war nicht mehr in der Lage, aufzustehen und wegzulaufen. Ihr Partner hatte rechtzeitig die Flucht vor dem Auto ergriffen, wartete nun in einiger Entfernung und rief seine Gefährtin. Als sie sich nicht rührte, kam er langsam, sichernd und äußerst vorsichtig zurück. Dann versuchte er geduldig, sie zum Aufstehen zu bringen. Er stupste sie immer wieder mit der Tatze an und leckte ihr Fell und das Gesicht ab. Nachdem all sein Bemühen umsonst war, legte er sich direkt neben ihr auf den Asphalt. Dann begann er wie ein Katzenkind mit den Vorderpfoten sanft in ihren Bauch zu trampeln. Schließlich stellte er schnuppernd fest, dass sie gestorben war. Er blieb noch einige Zeit regungslos neben ihr sitzen und ging dann

„Meine Menschen genießen die Streicheleinheiten genauso wie ich."

fort. Andere und offenbar nicht zur Gruppe gehörende Streunerkatzen, die den Vorgang beobachtet hatten, zeigten von Anfang an kein so intensives Interesse an der Situation.

Emotionale Nähe ist auch beim Menschen entscheidend für die Intensität des Mitgefühls. Deshalb werfen wir den Spendenaufruf für hungernde Kinder in Afrika in den Papierkorb, sind aber schnell bereit, den Leuten aus der Nachbarschaft zu helfen, deren Haus gerade abgebrannt ist. So werden wir, wenn unser gemeinsames Zusammenleben und unsere emotionale Nähe sehr intensiv sind, jede Katze besser spiegeln können – und sie uns.

Tiertrainer, die mit gefährlichen Großkatzen wie Löwen oder Tigern arbeiten, leben oft in häuslicher Gemeinschaft mit diesen, um alle gegenseitigen Gefühle und Schwankungen im Alltäglichen differenzierter und genauer kennenzulernen, jederzeit erspüren zu können, wie das Gegenüber drauf ist. Dasselbe machen Lawinenhundeführer mit ihren Suchhunden, wo es auf fein abgestimmtes Mitfühlen und intuitives Reagieren in gefährlichen Situationen ankommt, denn das Zusammenspiel im Katastropheneinsatz entscheidet über Leben und Tod.

Einige herausragende Feldforscher, die mit wildlebenden Tieren in ihrem natürlichem Lebensumfeld arbeiten, haben bewiesen, dass sich eine solche gegenseitige Resonanz auch mit ungezähmten Löwen und anderen Großkatzen herstellen lässt, wenn nur die emotionale Nähe nachhaltig und langfristig hergestellt wird.

Leider sind wir ziemlich beschränkt und – noch – gar nicht dazu imstande, das gesamte Spektrum der ernormen sinnlichen Fähigkeiten der großen und kleinen Katzen zu erfassen, zu verstehen oder gar zu spiegeln …

Besondere Fähigkeiten unserer Katzen

„Wenn eine Katze etwas sehr Ungewöhnliches tut, dann sollten wir uns bemühen herauszufinden, welche speziellen sensorischen Leistungen diese Fähigkeit ermöglichen. Das soll nicht heißen, dass wir irgendwann in naher Zukunft in der Lage sein werden, alles zu erklären, was Katzen tun.“

Desmond Morris, „Catwatching“, 2000

Seit Äonen sagt man der Katze über- oder außersinnliche Wahrnehmungsfähigkeiten nach. Nicht zuletzt war dies sicherlich ein Grund dafür, die Katzen im alten Ägypten zu göttlichen Wesen zu erheben. Heute weiß man immerhin, dass die vielen unterschiedlichen tierischen Sinneswahrnehmungen und Fähigkeiten, die uns selbst nicht zur Verfügung stehen, keinesfalls etwas mit irgendwelchem Hokuspokus zu tun haben, sie gehen schlicht und einfach über unsere menschliche Leistungsfähigkeit hinaus.

Wir sind nicht in der Lage, all dies mitzuempfinden oder zu spiegeln, weil wir es selber nicht wahrnehmen oder tun können und in diesen Zusammenhängen einfach unvermögend sind. Womöglich gibt es Ausnahmen bei wenigen menschlichen Spezialisten. Zum Beispiel Autisten, die eine ungeheure Detailwahrnehmung besitzen oder bei den Aborigines und ihren fein orientierten Traumpfaden. Die Aborigine-Kultur und ihre natürlichen Kommunikationsweisen wurden sechzigtausend Jahre lang unverändert bewahrt. Sie entstanden lange bevor die zivilisatorischen Errungenschaften unser Fühlen immer stärker der Natur entfremdet haben.

Unsere Katze kann nicht nur fast alles, was Menschen können, besser, sie kann noch mehr. Sie sieht besser, hört mehr, hat einen feineren Geruchssinn, kann differenzierter Schmecken, intensiver Tasten und hat einen perfekten Gleichgewichtssinn. Sie kann immerhin bis neun zählen. Sie besitzt ein Cinema-Scope-Gesichtsfeld von 200 Grad, sieht also bis hinter ihre Ohren, und sie verfügt auch über noch ganz andere fantastische Fähigkeiten.

„Gut, das sieht jetzt nicht gerade elegant aus – aber mach mir das einer mal nach!“

Heimfindevermögen

Katzen tauchen immer wieder in der Zeitung auf, weil sie nachgewiesenermaßen nach Tagen, Wochen oder gar Jahren und hunderten bis tausenden Kilometern an einen Platz zurückkommen, an dem sie einmal gelebt haben. Bislang ist nicht erklärbar, auf welchem Navigationssystem dieses erstaunliche Heimfindevermögen beruht. Man weiß aber, dass es beispielsweise durch einen Magneten am Halsband gestört werden kann. Das legt nahe, dass die Katzen sich am Magnetfeld der Erde orientieren und eine Art inneren Kompass besitzen, mit dem sie ihre Position und auch die Richtung ihres Zuhauses bestimmen können. Möglicherweise deshalb lernen die kleinen, noch unsicheren Kätzchen ihr Lebensumfeld in immer größer werdenden konzentrischen Kreisen kennen, in deren Mittelpunkt sie heimkehren können. Derselbe Vorgang findet bei erwachsenen Katzen statt, die durch äußere

Gut zu wissen

Müssen Sie mit Ihrer Katze umziehen, ist es ratsam, die Umzügler mindestens zehn Tage lang im neuen Haus einzusperren – auch wenn es Freigänger waren und wieder sein werden. Das gibt ihnen die Möglichkeit, ihren Kompass neu zu justieren, damit sie zum neuen Zuhause zurückfinden, sollten sie sich verirren.

„So, jetzt sind wir wieder zu Hause, doch typisch Mensch: niemand lässt uns sofort rein!"

Umstände ihr Lebensumfeld verlassen und in der Fremde von vorn anfangen.

Mit unseren Katzen, die wir von unserem Ziegenhof an der Ostsee mit auf die schöne grüne Insel La Palma genommen haben, sind wir so verfahren. Und es hat wunderbar funktioniert. Nachdem wegen der ungewohnten und langen Gefangenschaft drinnen die schlechte Laune verflogen war, machten sich alle ganz vorsichtig und Stück für Stück mit der unbekannten Außenwelt vertraut. Von Tag zu Tag wurden ihre Stöberrunden größer, ihre Ausflüge länger und weiter. Alle haben sich vollständig und perfekt eingenordet, genauso wie wir vom Uhrmacher unseren alten Barometer auf die hiesigen Luftdruckverhältnisse und Gegebenheiten haben umstellen lassen. Alle Katzen sind noch vollzählig und in der Anfangszeit fand unser Jedi seine neue Finca sofort wieder, nachdem er sich wegen eines Unwetters ganz weit fort verlaufen hatte.

Das geheimnisvolle Heimfindevermögen besitzen nicht nur die Katzen – auch Zugvögel, Meerestiere mit ihren jährlichen Wanderungen, Bewohner von Steppen und Urwäldern, Elefanten, große Tierherden und sogar Insekten besitzen diese Fähigkeit. Allesamt und doch jeweils unterschiedlich sind sie mit entsprechenden Wahrnehmungsmöglichkeiten ausgestattet. Skarabäen und andere Mistkäfer zum Beispiel orientieren sich, wie kürzlich nachgewiesen wurde, an der Milchstraße. Auch bei uns gibt es Reste solchen Orientierungsvermögens, mal mehr und mal weniger ausgeprägt. Es ist anzunehmen, dass wir uns auch einmal in grauer Vorzeit sehr gut orientieren konnten, weil es für unser Überleben wichtig war, es aber verlernt haben, weil andere Fortschritte es unnötig gemacht haben.

Hydrodynamisches Trinken

Alle Groß- und Kleinkatzen, ob wildlebend oder am heimischen Herd, besitzen ein spezielles Trinksystem, das garantiert, ihr Fell absolut sauber zu halten. Es macht sich die Strömungseigenschaften und die Oberflächenspannung des Wassers zunutze.

Ihre Zungenspitze berührt nur knapp die Oberfläche und wird sofort, durchschnittlich vier Mal pro Sekunde, ins Maul zurückgezogen. So entsteht eine Flüssigkeitssäule, deren oberes Ende die Katze einfach „abbeißt“. Die Geschwindigkeit, mit der sie das tut, bestimmt die Menge, die sie zu sich nimmt. Das nach dem leckeren Milchgenuss beschlabberte Kinn verdankt sie dann nur noch dem gierigen Auslecken des Schälchens …

Als einzige Tiere schlabbern, schlecken oder saufen Katzen nicht. Sie bauen durch blitzschnelles Hoch und Runter der Zunge eine perfekte Balance zwischen der Gravitation und der Trägheit der Flüssigkeit auf.

Therapeutische Katzen

Das unergründlich tiefe Verstehen und Mitfühlen, das unsere Katzen uns gegenüber an den Tag legen, erstaunt uns immer wieder. Die Katze fühlt, was wir fühlen, und dies oft schon, bevor es uns selbst klar geworden ist. Vielleicht ist die Fähigkeit, spiegelneuronale Resonanzen zu erzeugen, tatsächlich bei den

Dr. Jack

Als wir nach La Palma umgesiedelt sind, haben wir unseren alten Kater Jack in Deutschland gelassen. Bei seiner besten Freundin, einer wundervollen älteren Dame, die jahrelang bei uns auf dem Ziegenhof ein und aus ging, und in die sich Jack, gleich nachdem er zu uns gekommen war, rettungslos verliebt hatte.

Sie pflegt ihren hinfälligen Mann, der traurigerweise massiv an fortschreitender Demenz erkrankt ist. Das war für sie nicht immer leicht. Und es war Jack, der das Blatt ein wenig zum Besseren gewendet hat. Sie berichtet uns kontinuierlich von der großen Freude, die ihr der Kater täglich mit seiner Liebe und seiner Fröhlichkeit macht, denn auch im neuen Zuhause entwickelte er seine ulkigen Rituale, die alle Menschen zum Lächeln bringen.

Vor allem anderen aber baute er ganz von selbst, völlig ohne Zwang, einen engen Kontakt zu dem Demenzkranken auf. Dieser wendet sich seither wieder ein wenig seiner Umwelt zu und er ist nun nicht nur offener und zugänglicher, sondern auch freundlicher und weniger verbittert. Dr. Jack, wie wir ihn jetzt nennen, hat das geschafft, was die Ärzte zuvor für unmöglich gehalten haben. Natürlich ist diese unheilbare Krankheit damit nicht besiegt oder nachhaltig ausgebremst, aber das Alltagsleben ist für alle Beteiligten leichter und rundum besser geworden.

Katzen stärker als bei uns, so wie alle ihre anderen Sinnesfähigkeiten, bei denen sie uns überlegen ist.

Inzwischen nutzen wir diese intensiveren sinnlichen Fähigkeiten der Katzen für tiergestützte Therapien im Bereich der Heilpädagogik, Ergotherapie und Psychotherapie. Bei der Behandlung von psychosozialen Störungen, für die Stressbewältigung, bei Demenz- und Depressionspatienten werden Katzen als Co-Therapeuten mehr und mehr geschätzt und eingesetzt.

Die Patienten öffnen sich erfahrungsgemäß schneller, sind wesentlich entspannter und nachweislich leichter zugänglich, wenn zahme und freundliche Katzen während der Behandlungen anwesend sind. Weil die Katzen in ihrer unverstellten Gefühlsübertragung beim Gegenüber als direkte Resonanz Freude, Vertrauen und Zuwendung auslösen können, verhelfen sie eben nicht nur als Haustier bei vereinsamten Menschen zu einer Endorphinausschüttung, die fröhlich stimmt, sondern sie werden als Partner in der Therapiearbeit immer wichtiger.

Doch nicht nur Menschen, die zum Pflegefall wurden, sondern auch solche, die ihr eigenes Leben nicht in den Griff bekommen, erhalten manchmal Hilfe von einer Katze. Davon erzählt das Buch über Bob, den Streuner. Der erstaunliche rote Kater lief vor einigen Jahren dem ziemlich heruntergekommenen, drogenabhängigen jungen Mann namens James in London zu, und er hat sich seither durch nichts mehr abschütteln lassen. So begann James langsam, Verantwortung für ihn zu übernehmen. Der Kater begleitete ihn bei seinem „Job“ als Straßenmusikant und schließlich, so beschreibt es James in seinem Buch, sei es Bob mit seiner bestimmten und irgendwie hartnäckigen Art gewesen, der ihm dabei geholfen hat, das Unglaubliche zu schaffen. James zog seinen Drogenentzug durch und begann, wieder Selbstachtung zu empfinden. Sein Leben hat eine ganz neue Bahn genommen und Bob gehört seither zu den Katzenberühmtheiten auf Youtube.

Voraussehendes Gespür

Das was wir als diffuse Vorahnung bezeichnen, ist für die Katzen Gewissheit. So können sie durch ihre sensorischen Befähigungen, den Erdmagnetismus und die auch nur leichteste Veränderungen daran betreffend, zusammen mit ihrem Empfinden für Infraschallvibrationen, so wie andere Tiere auch, Erdbeben mit untrüglicher Gewissheit schon Stunden vorher wahrnehmen. Wir brauchen dazu komplizierte technische Geräte wie Seismographen, denn unsere Wahrnehmung ist zu stumpf für diese Art der feinen Vorboten.

Für manch andere Gewissheit der Katzen haben wir noch keine Erklärung. In manchen Einrichtungen für Demenzkranke und Sterbende werden weltweit neuerdings Katzen gehalten, die für eine vertrauensvolle und entspannte Atmosphäre sorgen und eben auch ein Lächeln auf die traurigen Gesichter zaubern können. So ging das Buch über Kater Oscar um die Welt. Der Chefarzt eines Hospizes in den USA hatte die wahre Geschichte niedergeschrieben, nachdem sein Artikel über die Erfahrungen mit diesem Kater bei der Sterbebegleitung in einem medizinischen Fachjournal veröffentlicht worden war. Oscar ist in diesem Pflegeheim nicht nur der aufmerksame Tröster und feinfühlige Helfer der Angehörigen, sondern er spürt untrüglich, wann jemand sterben wird. Dann ist er zur Stelle.

Lange Zeit wiesen Personal und Ärzte dies dem Zufall und dem Reich der Fantasie zu. Doch nach etlichen Jahren und vielen, vielen Patienten wurde für alle zur Gewissheit, dass Oscar tatsächlich eine unerklärliche Intuition für einen bevorstehenden Todesfall hat. Er will dann unbedingt zu diesem Menschen ins Zimmer, sucht sich ein Plätzchen auf seinem Bett, schnurrt und lässt ihn in seiner letzten Lebensphase nicht allein.

Heilsames Schnurren

Das Katzenschnurren besteht aus gerade von uns noch hörbaren Tönen und Schwingungen im Infraschallbereich, die wir als Vibration wahrnehmen können. Wir hören vom Schnurren praktisch nur die „Obertöne“. Schnurren dient der Katze nicht nur als Signal für freundliche Absichten und der Beruhigung, es hat auch physiologische Bedeutung.

So erhöht sich durch die niedrigen Töne und die Vibrationen im Körper und in der Muskulatur zum Beispiel die Knochendichte und Brü-

Gut zu wissen

Wissenschaftler haben festgestellt, dass ein Frequenzbereich des Schnurrens medizinisch wirksame Eigenschaften hat. Er liegt zwischen 27 und 44 Hertz. Damit besitzt die Katze ein effektives Instrument der Selbstheilungskraft.

Eine schnurrende Katze bei sich zu haben, ist für Katzenliebhaber das pure Glück.

che können besser heilen. Außerdem wird die Muskel- und Bronchialdurchblutung gesteigert. Weil das Schnurren artübergreifend auch auf uns wirkt, gibt es hier ebenfalls den spontanen, körperlichen Resonanzspiegel.

Schnurren ist also äußerst gesund für die Katze und auch für uns. Inzwischen wurde eine auf dem Katzenschnurren basierende, niederfrequente biologische Stimulationstherapie entwickelt, die erfolgreich bei Osteoporose, Knochenbrüchen, Athrose, Muskel- und Gelenkerkrankungen, Asthma und anderen Lungenkrankheiten angewendet wird. „Dr." Jack ist dafür ein Paradebeispiel, denn seine neue Menschenfreundin weiß zu berichten, dass er intuitiv spürt, wenn ihr schlimmes Kniegelenk wieder akut zu schmerzen beginnt. Er legt sich dann wie ein lebender Fellverband darum herum und schnurrt und schnurrt und wärmt ... Es hilft!

Wer weiß, welche anderen gemeinsamen Simulationsebenen in der Zukunft noch aufgedeckt und entschlüsselt werden – zwischen uns Menschen und den Tieren? Dann wird es noch mehr zu berichten geben über Katzen und Menschen. Es bleibt spannend!

Nachwort

„Aber es gibt doch die Tiere, die edlen, geduldigen Tiere mit ihren vielen Sprachen, die wir nicht verstehen, mit ihrer Freundlichkeit untereinander, ihrer Freundschaft für uns. Und die Frau senkt ihre Hand, um die lebendige Wärme ihrer kleinen Katze zu spüren und weiß, während sie hier steht, werden sie abgeschlachtet, ausgerottet, ausgelöscht durch Sinnlosigkeit, Dummheit und durch Gier, Gier, Gier.“

Doris Lessing, „Shikasta“, 1979

An jenem frühen Karfreitagmorgen ist die Welt noch in Ordnung, dunstig verhangen, aber die Sonne blinzelt schon ein wenig auf die Wiesen. Im Dorf herrscht Feiertagsruhe. Ein paar Hühner gackern, dünnes Vogelgezwitscher, die Bäume und Sträucher zeigen ihr erstes Frühlingsgrün. Es riecht nach erwachender Erde. Ich habe einen dicken Morgenmantel übergezogen und will draußen Brennholz holen, um den Küchenofen anzumachen, bevor es ans Frühstücken geht. Totaler Frieden. Mit dem Rücken zum Hof höre ich ein Auto zügig auf der Straße hinter dem Tor vorbeifahren. Das einzige Geräusch. Sonst paradiesische Stille.

Im selben Augenblick durchfährt mich ein fürchterlicher Schock und wie eine eiskalte Hand fasst mir ein Grauen beinahe körperlich an die Schulter – es ist reales Empfinden und ich krampfe unwillkürlich und erschrocken zusammen. Ich spüre es. Und es fühlt sich völlig entsetzend und Panik machend an.

„CARLOS!!!" schreie ich laut zur Straße hin – ohne Denken, rein intuitiv.

Über das Hoftor springt der schöne große Tigerkater. Er kommt mit weit ausgreifenden Sätzen zielgenau und wie im Flug auf mich zu. Ich stelle den Holzkorb ab und schnappe erleichtert Luft. Zwölf Meter, zehn Meter, acht Meter, sechs Meter. Da erstarre ich wieder: was ich sehe, sind merkwürdig eckige Sprünge, schlenkernd, irritiert, ohne die gewohnte kätzische Geschmeidigkeit und Eleganz. Das Grauen durchzuckt mich nochmals wie ein Blitz.

Carlos landet mit dem letzten, langen Sprung direkt vor meinen Füßen und bricht zusammen. Ich kniee mich zu ihm und nehme ihn in die Arme. Er ist scheinbar unverletzt, er sieht mir intensiv direkt in die Augen, und was ich sehe ist: grenzenloses Vertrauen. Dann verliert sich sein Blick ins Nirgendwo. Er ist tot.

Sein Rückgrat ist gebrochen. Auf der Straße kleben die Haare und wenige kleine Wirbel seiner alleräußersten Schwanzspitze. Zwölf Meter in großen Sprüngen mit gebrochenem Rückgrat? Und woher habe ich gespürt, was geschehen ist, bevor ich es Sehen und Begreifen konnte? Das bleibt ein Geheimnis der Katzen und der großen Regenbogenbrücke und – der Liebe.

„Ich bleibe zurück mit dem Gefühl, etwas Bedeutendes verpasst zu haben, irgendeinen Schlüssel zum Geheimnis dieser perfekten Wesen, die auf Samtpfoten mein Leben gekreuzt und bereichert haben."

Jeffrey Masson, „The Nine Emotional Lives of Cats", 2002

Mit enormem Respekt und noch viel größerer Liebe gewidmet

Carlos, Pepe, Gremlin, Mikesch, Leelou, Zorro, Lilith, Leo, Pinga, Moritz,
Pongo, Streicher, Simba, Samson, Mukti, Momo, Mika,
(Dr.) Jack, Jedi, Gupta, Balou, ihren Kindern und Kindeskindern,
und allen bislang unbekannten Schnurrern, die unser Leben in Zukunft
noch bereichern wollen.

Service

Lesestoff und andere Infos

Bauer, Joachim:
Warum ich fühle, was du fühlst: Intuitive Kommunikation und das Geheimnis der Spiegelneurone
Wilhelm Heyne Verlag, München 2006
Sachbuch: Der Mediziner und Neurobiologe gibt in diesem Buch einen sachlichen, leicht verständlichen und anschaulichen Einblick in die neurobiologischen Hintergründe der Empathie.

Bowen, James:
Bob, der Streuner: Die Katze, die mein Leben veränderte
Bastei Lübbe, 2013
Tatsachenroman: Mitreißendes Tagebuch eines ehemals drogenabhängigen, obdachlosen Straßenmusikers und der Katze, die ihm zurück in die Normalität half.

Bowen, James:
Bob und wie er die Welt sieht: Neue Abenteuer mit dem Streuner
Bastei Lübbe, 2014
Tatsachenroman: Die Fortsetzung von „Bob, der Streuner“, denn der Kater hat noch mehr unerwartete Fähigkeiten als Wegweiser und Lebensratgeber zu bieten.

Budiansky, Stephen:
The Covenant of the Wild – Why Animals Chose Domestication
Yale University Press, New Haven/London 1999
Sachbuch, englisch: Der Wissenschaftsjournalist berichtet, wie die Domestikation der Haus- und Nutztiere zu einer erfolgreichen Strategie der Evolution wurde, weil Tiere und Menschen davon gleichermaßen profitieren.

Chomsky, Noam:
Linguistics and Brain Science
Massachusetts Institute of Technology, Cambridge 1999
Sachbuch, englisch: Der „Erfinder“ und führende Erforscher der Liguistik analysiert den Zusammenhang von menschlicher Sprachentwicklung und -erlernung mit körperlichem Ausdruck und der Fähigkeit zur Empathie.

Dosa, David:
Oscar – Was uns ein Kater über das Leben und das Sterben lehrt
Knaur TB, München 2012
Sachbuch: Der Mediziner und Gerontologe schildert die berührende und außergewöhnliche Sensitivität eines Therapiekaters mit den Senioren in einem amerikanischen Pflegeheim.

Frazzetto, Giovanni:
Der Gefühlscode – Die Entschlüsselung unserer Emotionen
Carl Hanser Verlag, München 2014
Sachbuch: Der Molekular- und Neurobiologe erläutert anhand der wichtigsten Emotionen sehr anschaulich die Wirkung der Spiegelneuronen und der Empathie auf unser Fühlen.

Götz, Eva-Maria:
Wohnen mit Katze
Verlag Eugen Ulmer, Stuttgart 2006
Sachbuch: Die Biologin und Katzenspezialistin verrät Tipps und Tricks, wie die Haustiger glücklich gemacht werden können, wenn ihnen die dritte Dimension in der Wohnung erschlossen wird.

Gollmann, Birgit:
Katzen
Verlag Eugen Ulmer, Stuttgart 2005
Sachbuch: Die Autorin liefert eine Rundum-Gebrauchsanweisung für den Stubentiger, eine umfassende Anleitung zum Wohlfühlen für junge und alte Katzen und ihre Menschen.

Goodall, Jane:
Wilde Schimpansen. Verhaltensforschung am Gombe-Strom
Rowohlt, Reinbek 1991
Sachbuch: Die berühmte Verhaltensforscherin wagte als Erste sehr erfolgreich einen „vermenschlichenden" Blick auf die von ihr in der natürlichen Feldforschung beobachteten Wildtiere.

Grandin, Temple:
Thinking in Pictures
Bloomsybury Publishing, London 2006
Sachbuch, englisch: Die berühmte Tierwissenschaftlerin und -psychologin beschreibt als geborene Autistin hier ihren speziellen persönlichen Zugang zum Verständnis der Tiere.

Grandin, Temple & Deesing, Mark:
Domestic Animals
Academic Press, London 2013
Sachbuch, englisch: Die wichtigsten Forscher auf den Gebieten der Genetik und der Verhaltenswissenschaft erläutern die Zusammenhänge zwischen Domestizierung und dem Verhalten von Nutz- und Haustieren.

Grandin, Temple & Johnson, Catherine:
Animals Make Us Human
Houghton Mifflin Harcourt Publishing, Orlando 2009
Sachbuch, englisch: Die überragende Tierpsychologin erläutert anhand der Kernemotionen auf sehr lebendige Art, wie

wir Menschen unseren Haus- und Nutztieren ein glückliches und angstfreies Leben bieten können.

Grandin,Temple & Johnson, Catherine:
Animals in Translation
Bloomsbury Publishing, London 2006
Sachbuch, englisch: Die bedeutende Verhaltensforscherin beschreibt anschaulich, wie unsere Haus- und Nutztiere die Welt sehen, wie sie fühlen und was sie dabei denken.

Hasler, Felix:
Neuromythologie
Transcript Verlag, Bielefeld 2013
Sachbuch: Der Psychopharmakologe und Hirnforscher hinterfragt in seiner Streitschrift die Alltagstauglichkeit und aktuelle Deutungshoheit sämtlicher Neurowissenschaften.

Hüsemann, Lena:
Spiel und Spaß mit Katzen
Verlag Eugen Ulmer, Stuttgart 2009
Sachbuch: Die Autorin stellt tiergerechte Spiele und Spielzeuge zum Selberbasteln vor, die dem Stubentiger die Langeweile rauben und obendrein seine Intelligenz und seine Begabungen fördern.

Keysers, Christian:
Unser empathisches Gehirn
C. Bertelsmann Verlag, München 2013
Sachbuch: Der Hirnforscher erklärt an vielen Alltagsbeispielen sehr lebensnah, wie uns unser Gehirn mittels der Spiegelneuronen zu empathischen Wesen macht.

Krause, Bernie:
Das große Orchester der Tiere – Vom Ursprung der Musik in der Natur.
Malik/National Geographic, München 2015

Sachbuch: Der Musiker und Naturforscher beschreibt die Entdeckung der „Biophonie“ mittels seiner von über 15.000 Arten gesammelten Soundscapes verschiedener Habitate auf der ganzen Welt.

Kotrschal, Kurt:
Einfach beste Freunde – Warum Menschen und andere Tiere einander verstehen.
Brandstätter Verlag, Wien 2014
Sachbuch: Der Verhaltensbiologe und Leiter der Konrad Lorenz Forschungsstelle erklärt, warum wir Menschen unsere befreundeten Arten als wichtige Zutat zu einem glücklichen und gelungenen Leben brauchen.

Lessing, Doris:
Werkauswahl in Einzelbänden / Shikasta
Hoffmann und Campe, Hamburg 2009
Roman: Die Nobelpreisträgerin schildert die Katze als einzigen Hoffnungsträger in einer durch menschliche Dummheit und Unfähigkeit vom Untergang bedrohten Welt.

Leyhausen, Paul:
Katzenseele
Franckh-Kosmos Verlag, Stuttgart 2005
Sachbuch: Der Verhaltensforscher und angesehene Katzenspezialist beschrieb und erkundete als Erster die speziellen Sinneswahrnehmungen und deren Ausdruck und Bedeutung bei Hauskatzen.

Lovecraft, Howard Phillips:
Something about Cats
Arkham House, Sauk City 1949
Essays, englisch: Der Großmeister der fantastischen Literatur verfasste ein hinreißendes Plädoyer für die einzigartige Rolle und die große mystische Bedeutung der Katzen für die Menschheit.

Masson, Jeffrey:
Katzen lieben anders
Ullstein Heyne Verlag, München 2003
Sachbuch: Der Psychoanalytiker berichtet über seine Erfahrungen mit einer Jungkatzen-Gruppe sowie deren Kommunikationswege und Verhaltensweisen untereinander und gegenüber den Menschen.

Morris, Desmond:
Catwatching
Wilhelm Heyne Verlag, München 2000
Sachbuch: Der bekannte Zoologe und Verhaltensforscher untersucht das Katzen-Menschen-Verhältnis anhand der speziellen Sinnesfähigkeiten der Tiere und ihrer Ausdrucksweisen.

Pfleiderer, Mircea & Rödder, Birgit:
Was Katzen wirklich wollen
Gräfe und Unzer Verlag, München 2012
Sachbuch: Die führende Katzenverhaltensforscherin und eine Tierverhaltenstherapeutin beschreiben, was Katzen für ein seelisches Gleichgewicht vom Menschen und ihrer Umgebung brauchen.

Richardson, Kevin:
Part of the Pride. My Life Among the Big Cats of Africa
St. Martin's Press, New York 2009
Sachbuch, englisch: Der bekannte Verhaltensforscher gibt einen Einblick in die atemberaubenden Erfahrungen während seiner Feldstudien in natürlichem Umfeld mit wilden Raubkatzen in einem afrikanischen Reservat.

Rizzolatti, Giacomo & Sinigaglia, Corrado:
Empathie und Spiegelneurone
Suhrkamp Verlag, Frankfurt 2012
Sachbuch: Die beiden führenden Hirnforscher und Neurobiologen gelten als die Entdecker der Spiegelneuronen und definieren hier deren grundsätzliche Strukturen und Bedeutungen als Bindeglied zwischen Empathie und Motorik.

Scully, Matthew: Dominion.
The Power of Man, the Suffering of Animals, and the Call to Mercy
St. Martin's Press, New York 2002
Sachbuch, englisch: Der Wissenschaftsjournalist beleuchtet umfassend und kritisch den zwiespältigen Umgang des Menschen mit Haus- und Nutztieren und sieht die moralische sowie gesellschaftliche Verantwortung darin, radikal umzudenken.

Stranger, Joyce:
Der Kater Kym
Paul Zsolnay Verlag, Wien 1978
Tatsachenroman: Lebensgeschichte eines außergewöhnlichen Siamkaters, dessen besondere Fähigkeiten seine Menschen zu völlig neuen Erfahrungen und tiefen Einsichten bringen.

Tabor, Roger:
Die Sprache der Katzen
Verlag Eugen Ulmer, Stuttgart 2006
Sachbuch: Der Biologe und Verhaltensforscher beobachtet als Spezialist für Feldstudien seit langer Zeit Kolonien von Streunerkatzen um herauszufinden, wie wildlebende Hauskatzen sich verständigen und verhalten.

Wagner, Ortrun:
Waldkatzen
Verlag Neumann-Neudamm, Melsungen 2009
Sachbuch: Die Katzenspezialistin stellt nicht nur die speziellen Eigenschaften der Waldkatzen vor, sondern gibt auch einen guten Einblick in die gemeinsame Geschichte von Katzen und Menschen.

Wegler, Monika & Linke-Grün, Gabriele:
Typisch Katze
Gräfe und Unzer Verlag, München 2010
Sachbuch: Die Wissenschaftsjournalistin beschreibt zusammen mit einer Tierfotografin die erstaunlichen Fähigkeiten und sinnlichen Eigenarten der Hauskatzen.

Bildquellen

Dr. Eva-Maria Götz: Seite 90
Silke Kleewitz-Seemann: Umschlagrückseite, Umschlaginnenseite hinten, alle Fotos in den Klappen sowie Seite 1, 12, 18, 26, 32, 33, 34, 36, 37, 40 oben links, 41 oben links, 41 unten, 42 oben, 44, 46 links, 46 rechts, 47 links, 47 rechts, 50, 51, 54 links, 54 rechts, 55, 59, 63, 66, 67, 69 links, 69 rechts, 72 oben, 72 unten, 74, 78, 80, 83, 87, 88, 96, 98, 100, 103, 105, 110, 114, 121
Andrea Kurschus: Seite 4, 6, 29, 30, 40 unten, 41 oben rechts, 42 unten, 43, 45, 48, 62, 65, 71, 75, 76, 77, 82, 92, 93, 113
Rodríguez, Tomás: Titelfoto, Umschlaginnenseite vorn sowie Seite 8, 10, 14, 16 links, 16 rechts, 17, 20, 21, 22, 31, 38, 40 oben rechts, 42 Mitte, 49, 52, 57, 61, 81, 84, 94, 97, 104, 109
Bernd Zittlau: Seite 106

Die Zeichnungen stammen von Siegfried Lokau, Bochum-Wattenscheid.

Register

A

B

C

D

E

F

G

H

I

J

K

L

M

N

O

P

R

S

T

U

V

W

Z

Impressum

Bibliografische Information der Deutschen Nationalbibliothek
Die Deutsche Nationalbibliothek verzeichnet diese Publikation in der Deutschen Nationalbibliografie; detaillierte bibliografische Daten sind im Internet über http://dnb.d-nb.de abrufbar.

Wollgrasweg 41, 70599 Stuttgart (Hohenheim)
E-Mail: info@ulmer.de
Internet: www.ulmer.de
Lektorat: Dr. Eva-Maria Götz
Lauyout, DTP und Herstellung: Ulla Stammel
Umschlagentwurf: Atelier Reichert, Stuttgart
Layout und DTP: Ulla Stammel
Reproduktionen: Timeray, Herrenberg
Druck und Bindung: Westermann Druck Zwickau GmbH, Zwickau
Printed in Germany

ISBN 978-3-8001-6758-6